广东预制菜走出去

理论与实践

广东省农业对外经济与农民合作促进中心　南方农村报社　编

南方日报出版社
NANFANG DAILY PRESS
中国·广州

图书在版编目（CIP）数据

广东预制菜走出去理论与实践 / 广东省农业对外经济与农民合作促进中心，南方农村报社编. — 广州 : 南方日报出版社，2023.9
ISBN 978-7-5491-2774-0

Ⅰ. ①广… Ⅱ. ①广… ②南… Ⅲ. ①预制食品－菜谱－广东 Ⅳ. ①TS972.182.65

中国国家版本馆 CIP 数据核字(2023)第 211204 号

GUANGDONG YUZHICAI ZOUCHUQU LILUN YU SHIJIAN

广东预制菜走出去理论与实践

编　　者：广东省农业对外经济与农民合作促进中心　南方农村报社
出版发行：南方日报出版社
地　　址：广州市广州大道中 289 号
出 版 人：周山丹
责任编辑：郭海珊　黄敏虹
责任技编：王　兰
装帧设计：肖晓文
责任校对：朱晓娟　熊丽思
经　　销：全国新华书店
印　　刷：广东信源文化科技有限公司
开　　本：787 mm×1092 mm　1/16
印　　张：13.5
字　　数：301 千字
版　　次：2023 年 9 月第 1 版
印　　次：2023 年 9 月第 1 次印刷
定　　价：68.00 元

投稿热线：（020）87360640　读者热线：（020）87363865
发现印装质量问题，影响阅读，请与承印厂联系调换。

编委会

前言

粤味出海行稳致远

相关行业数据显示，海外中餐馆有50多万家，服务6000多万海外华人，如果按1个海外华人带动5个外国人吃中餐来计算，就还要供应3亿外国人吃中国预制菜，这需要从我国进口大量食品。2022年，经广东海关出口的预制菜达340亿元，这一数据逐年有所增长。

目前，我国已成为农产品的全球第二大贸易国、第一大进口国和第五大出口国，拥有最具潜力和活力的农产品市场，在全球农产品生产和贸易中具有举足轻重的地位，而预制菜是农产品精深加工的产物，是农产品食品化、商品化的最佳载体，它更便于储藏和运输，突破了农产品时令性局限，延长了农产品销售周期，必将进一步优化农产品在国际市场的流通，进一步深化农业领域国际分工合作，优化资源配置，强化优势互补，推动全球农业产业链深度融合。

在预制菜风口的带动下，自2020年起，海外中餐馆向国内选购预制菜，从松散变得有组织，充分利用预制菜的便利性，一方面通过预制菜提高出品效率和厨房效益，另一方面依托大订单切实降低采购成本。可见，预制菜在促进农产品融合国际市场、满足消费新需求、推动餐饮业态变革、提升农产品产业链的价值等方面，日渐成为各市场主体乃至各国的不二选择。

根据海关和仓储公司公开披露的信息，广东预制菜走出去有四个特点：一是从品类看，主食类预制菜最受海外消费者欢迎，比如春卷、点心、包子；次之，是鱼虾等水产品预制菜；再次之，是鸡鸭预制菜。二是从产区看，粤东（主要是汕头、潮州）、粤西（主要是湛江、茂名、阳江）和珠三角（主要是广州、佛山、惠州、珠海）推动预制菜出海比较活跃，出口量比较大，体现了广东预制菜的比较优势。三是从目标国或地区看，美国、德国、东南亚各国对广东预制菜需求较大，与华人海外居住地分布高度重合。四是从路径来看，从单一的B端走货柜，变成货柜出货与跨境电商出货并存，越来越多的国外消费者从电商平台选购预制菜，聚单团购日益兴起。值得一提的是，春卷、包子和无骨烤鸭等中国预制菜走进了外国的千家万户，倍受宠爱。

综上，广东预制菜走出去，它的客户群体一目了然，主打产品清清楚楚，出海路径也相对稳定，需要进一步探讨的是，走出去前端还需要干什么，后端还需要做什么，谁来做，怎么做。为了很好地回答这些问题，本书策划执行团队走访了产区政府、生产企业、出口公司，采访了贸易专家、产业人士、海外客商，收集了大量的广东预制菜走出去第一手材料，力求分析总结广东预制菜走出去的动力、做法、优势、成效等，站在亲历者、推动者、建设者的角度，分享广东思考、地方探索和企业做法，以及海外营销的成功案例。

广东预制菜走出去，是粤菜文化“出海”，旨在推进“食在广东，属于世界”。在广东持续发力推动预制菜出海之际，将其中的方方面面剖析一番、审视几遍，十分必要，这将有利于广东预制菜出海行稳致远。不断夯实出海通道，让产品赢得国内外消费者的青睐，说到底还是要在确保品质和风味的同时，促进业界与海内外消费者的分享、沟通与交流，大家携手共推中餐文化、中餐标准化，这才是长久之道。

《广东预制菜走出去理论与实践》编委会

2023年9月

目　录　CONTENTS

中篇　务实：风正好扬帆　057

壹　地方探索　058

贰　企业样本　090

下篇　出海：粤味行天下　133

壹　海外营销　134

贰　方家观察　154

后记　204

上篇

先行：江平视野阔

OVERVIEW

“食在广东”属于世界

作者 阮定国 来源 《南方农村报》

近年来，广东农产品“12221”市场体系建设不断推进，越来越多的“粤字号”产品走出去，特别是2021年以来，广东在全国率先组织化、系统化推广预制菜产业，擦亮“食在广东”文化名片，积极拓展了粤味预制菜国内、国际两个市场。

在国内，以预制菜为拳头产品，广东组织了“南品北上，北品南下”省际系列推介活动，带动广东预制菜走进粤港澳（主要是澳门、香港），走进京津冀（主要是北京、河北），走进长三角（主要是上海、杭州），走进大西北（主要是陕西、山西），走进大西南（主要是新疆、西藏），举办了系列的现场推介和产销对接活动，推动了广东预制菜进入商超、餐饮、电商等渠道或平台，让广东预制菜在外省看得见、买得着。经全省上下努力，艾媒数据显示，2022年全国预制菜产值约4196亿元，其中广东预制菜产值约为545亿元。

在国际，“广东喊全球吃预制菜”活动如火如荼地进行，广东预制菜进入海外的超市、餐馆，举办了系列的品鉴活动、展示展销，还亮相纽约大屏，飘香北美、欧盟、东南亚，加拿大总理特鲁多还发来贺信感谢。广东预制菜在国际市场表现抢眼，广东海关数据显示，广东预制菜第一季度出口额为39亿元。

广东预制菜走出去，走俏海外市场，有其发展必然性，符合市场逻辑。

广东预制菜出海的市场逻辑

数据显示，2022年经广东口岸出口的预制菜达310亿元，其中，广州海关关区共检验检疫出口熟肉制品、酸菜鱼、鱼腐鱼蛋等预制菜货值约18.2亿元。未来，粤味预制菜将在探索中跨越四海，端上海外餐桌。

广东预制菜走俏海外，不是一蹴而就，跟广东推动形成预制菜产业风口、食在广东文化名片加持、制造业先发优势等“内功”息息相关。

一、预制风口，潮起南粤

自2020年起，广东聚力推广预制菜产业，连响十枪“第一个”，推动预制菜成为产业风口，引发外界高度关注广东预制菜，引导各种资源要素加持广东预制菜，每个“第一”都为广东预制菜出海赋能——

创建全国第一个预制菜集成推广平台。2021年9月，广东发挥“保供稳价安心”数字平台优势，聚集广东各头部预制菜企业，在全国率先设立预制菜线上销售专区。在此基础上，

2022年4月，广东紧紧围绕“菜十条”政策，又推出全国首个“预制菜大卖场”，搭建预制菜品牌推广和交易服务平台，塑造消费者信赖的权威采购渠道，构建预制菜走出去主阵地。

举办第一个全国性预制菜高峰论坛，成立全国第一个省级预制菜产业联盟。2021年10月，吸引全国瞩目的2021中国（东莞）农产品食品化工程中央厨房（预制菜）峰会在广东东莞隆重举行，来自全国29个省份以及德国、丹麦、俄罗斯等16个国家和地区的1600多家企业通过线上线下主分会场汇聚一堂，为广东预制菜走出去打通更多渠道。

举办全国第一个省级预制菜产业发展大会。2021年11月19日，广东预制菜产业发展大会举办，推出广东十大预制菜头部企业，成为各大媒体关注的焦点；推出全国第一份十大预制菜名品目录。2021年11月，广东推出广东预制菜十大名品，包括恒兴鲜虾、一夜埕金鲳鱼、风味烤鱼、麻辣小龙虾、御鲜锋酸菜鱼、潮卤狮头鹅、“天下一盆”大盆菜、速冻免洗净菜（青菜）、粤式白切鸡、潮州牛肉丸等，向外界全方位展示了广东预制菜的魅力。

发布全国第一套预制菜关键核心技术。2021年11月，广东发布“预制菜原料和产品品质评价及全程质量控制技术”“粤式特色风味水产品预制菜加工关键技术”“预制菜内包装疏水疏油技术”等18项关键技术成果。这些创新成果为全国首次发布，为广东预制菜产业发展提供了强有力支撑。

开展全国第一场集群营销活动。2021年12月，广东发起全国首场预制菜双节营销系列活动，通过举办预制菜双节营销启动仪式、公布预制菜推介目录、制作预制菜美食地图、发布预制菜科普系列视频、举办预制菜线上营销培训、发布云山珠水宣言、广东预制菜亮屏“小蛮腰”、喊全国人民吃预制菜等系列行动，进一步打响广东预制菜品牌，加大了广东预制菜走出去的步伐。

签发全国第一批RCEP（《区域全面经济伙伴关系协定》）原产地预制菜证书。在2022年1月RCEP正式生效之际，湛江海关为湛江国联水产开发股份有限公司（简称“国联水产”）的一批水产预制菜签发广东乃至全国首份农产品RCEP原产地证书。本批水产品预制菜出口澳大利亚和新加坡，标志着RCEP第一时间在广东农业领域落地，为广东农业外贸发展写下了关键一笔。

规划建设全国第一个预制菜产业园。2022年1月，粤港澳大湾区（高要）预制菜产业园项目正式申报2022年省重点建设前期预备项目，在肇庆市高要区高标准规划建设湾区首家预制菜产业园，推出10项重磅措施推动预制菜产业，加快广东预制菜产业集聚发展，着力建设大湾区“菜篮子”新工程、农业RCEP三产合作基地、乡村振兴农产品食品化工程聚集区，通过美食向世界传递广东肇庆故事。

制定全国第一套预制菜标准体系。2022年1月，在广东省农业农村厅指导下，中国烹饪协会、湛江国联水产开发股份有限公司、农业农村部食物与营养发展研究所及检科测试集团有限公司共同起草制定预制菜标准，通过2个多月完善、修改，经中国烹饪协会评审，推出了全国第一套预制菜标准体系，为广东预制菜走出去提供好产品依据。

出台全国第一个省级预制菜产业发展支持政策。2022年3月，印发《关于加快推进广东预制菜产业高质量发展十条措施》，这是全国首套针对预制菜产业发展出台的政策，其中第八条措施明确提出“推动预制菜走向国际市场”。通过一系列创新亮点措施，全面开启预制菜产业发展新局面。

经过全省一盘棋谋划发展，广东成为预制菜产业高地，汇聚成一股强劲的预制风潮，吸引了黑龙江省、新疆维吾尔自治区、广西壮族自治区、宁夏回族自治区、河北省、湖南省、河南省、浙江省等多个地方党政代表团来粤调研考察，吸引了美国流通商、欧洲中餐馆代表、东南亚餐饮协会代表纷纷来粤谋求产业合作，广东预制菜走出去的“朋友圈”不断扩大。

二、食在广东，文化赋能

粤菜文化源远流长，有“食在广东”一说。粤菜起源于汉代，是中国汉族八大菜系之一，在主配料的选料上特别广博奇异、花样繁多。20世纪80年代末90年代初，乘着改革开放的东风，粤菜影响力从南粤向内地扩大，华夏大地的许多大城市相继开设了粤菜餐馆，很多北方人最早就是通过粤菜了解广东的。

随着岁月流逝，当年一些有口皆碑的名菜和被市民津津乐道的食林掌故，逐渐在人们的记忆中消散远去。为传承和发扬粤菜文化，近年广东从博物馆到国有餐饮企业，都越来越重视搜集、整理、研究与粤菜相关的历史文献、菜谱餐单、旧物件、旧照片等资料，以此寻找粤菜发展的脉络，并联合学者、私人藏家、粤菜大厨等，让一度消失的传统粤菜重回餐桌。

伴随广东绘就“文化强省”的建设蓝图，广东餐饮文化频频高光“出圈”：中国大酒店推出的“消失的名菜”，从博物馆百年馆藏的民国粤菜经典菜单中汲取灵感；广州酒家开发的“满汉大全筵”“五朝宴”“南越王宴”“民国宴”，为粤菜发展构筑起一脉相承、贯通古今的完整链条；2023年春节，传统粤菜“桂花扎”、岭南名菜佛跳墙、金汤花胶鸡、汕头狮头鹅等预制菜，也借新零售强势占据全国年夜饭“C位”（某人或事物的重要地位）。

有了文化加持的粤菜，做成预制菜，对海外华人有很大的吸引力。数据显示，海外有6000多万华人、50万家中餐馆。他们虽是外国国籍，但胃还是中国胃，因此，他们对中餐有极大需求。而在海外华人群体中，很大一部分来自广东，他们对传统粤菜非常感兴趣，也是广东预制菜最主要的消费群体。另外，在海外，中餐馆既受华人欢迎，也受外国人青睐，而这些中餐馆大部分也是广东人开的，广东的点心，如春卷、包子等，在海外大受欢迎。

对此，中国烹饪协会中央厨房技术研究院院长冯德和表示，一款美味的预制菜爆品，必是经过大厨师反复试验、调味研发出来的。因此，预制菜企业往往高薪聘请名厨研发产品，目的就是打造风味独特、品质稳定的预制菜品。近两年来一直致力于推广农产品食品化工程，倾力打造广东预制菜的广东省农业农村厅，正用心用力当“红娘”，让“粤菜师傅”与预制菜“联姻成亲”。广东省农业农村厅相关负责人表示，将下大力气落实省委、省政府部署，构建广东特色农产品全产业链，突出粤菜特色培育发展预制菜产业，促进农业高质高效发展。

在广东省农业农村厅的推动下，粤菜师傅加持广东预制菜，研发了很多粤味预制菜，如水产预制菜、主食预制菜等，它们成为一张张靓丽的粤菜文化名片，成为广东预制菜走出去的拳头产品，成为广东预制菜供全球的“生力军”。

三、制造优势，领鲜一步

预制菜是农产品食品化的最好载体，用工业锅炒香农业菜。经过市场培育，广东聚集超6000家预制菜上下游相关企业，占全国的8.5％；上榜“2023胡润中国预制菜生产企业百强榜”的企业数量达20家，位居全国首位；连续三年霸榜中国预制菜产业指数省份排行榜等。在出口方面，广东预制菜走出去势头好、力度大。广东正站在时代新消费风口，以千钧之势引领预制菜产业风气，成为全国乃至全球预制菜新业态风向标。广东是如何拔得头筹的？原因有很多，但广东制造业底子好是关键原因。

预制菜的生产、研发、保鲜、运输、储存、配送……各个环节，离不开制造企业和科技赋能。现今，广东预制菜在多项关键技术上取得了突破和创新。2021年11月，广东在全省预制菜产业发展大会上发布了“粤式特色风味水产品预制菜加工关键技术”等18项关键技术成果，其中“食材锁鲜”“风味还原”两项关键技术的新突破，以及超高压锁鲜、新型绿色保鲜材料、无菌封装等技术开发，是保障广东预制菜走得更远的技术支撑。市场实践证明，一款预制菜品，风味还原度只要保持在80％以上，其口感就与现炒菜的几乎相同。而广东预制菜的风味还原度，很多在90％以上。有了这些技术支撑，广东预制菜领“鲜”一步，在市场上有了相当的竞争优势。

目前，广东预制菜已具有一定规模，未来方向是在扩容基础上实现数智化、品质化和可追溯。而中国制造业数字化升级下，预制菜装备化、智能化升级是行业发展的必然趋势，技术和装备的创新是预制菜万亿元级规模产业的刚需，对撬动预制菜未来发展具有杠杆作用。

而广东原本就是制造业强省，格力、美的、格兰仕等企业深耕制造产业，形成了技术优势、人才优势和品牌优势。深耕制冷行业多年的格力，以冷链装备为着力点，成立预制菜装备制造公司，并筹建广东省预制菜装备产业发展联合会，完善预制菜供应链体系，推进预制菜全链路数智化、智能化转型。2023年7月，广东举办了全国首创的预制菜装备产业大会。美的、格兰仕、小熊电器等企业，乘势而上，着力拓展预制菜装备产业，形成了预制菜装备产业蓬勃发展的氛围，而这些新装备、新设备，能够保障预制菜在运输、仓储过程的便利性和安全性，还切实有效地降低成本，支撑广东预制菜走向海外。

有了粤菜师傅研发和粤菜文化的加持，有了制造先发优势，广东预制菜走出去就有了底气！

粤菜出海的必要性与优势

为什么广东预制菜必须走出去呢？为什么是它能走得远、走得好呢？这对于国内国际双循环有什么价值或作用？

一、半径越大，价值越大

农产品及其深加工品的市场价值最大化，不在产区，而在销区，其市场价值大小取决于销区半径减去产区半径的大小。如果销区半径等于产区半径，换言之，在产区生产，也在产区销售，这是自给自足，是小农经济。物以稀为贵，物以远为贵，销区离产区越远，也就是市场半径越大，市场价值就越大。因此，广东预制菜的市场价值最大化，不在珠三角，而在长三角、京津冀、大西北、大西南等，更在美洲、欧洲、东南亚等海外市场。因此，广东预制菜产业产值实现跨越式拉升，走向全国乃至全球，势在必行。以主食预制菜为例，国内一个包子，成本约0.8元，但在美国，一个包子售价就是3美元。

而扩大市场半径，产品与营销必不可少，而且两手都要硬。出口产品的品质，必须符合目标国的相关法律规定，不符合资质则出不去，这无须赘述。关于海外营销，近年来，广东发起“喊全球吃预制菜”系列活动，组织特色粤味预制菜到美国、欧洲、东南亚等地，举办现场推介和品鉴活动，掀起了吃广东预制菜的风潮，极大地鼓舞了广东预制菜企业出口的信心，也极大地推进了粤菜文化海外行，以美食为媒，推动了粤味预制菜飘香海外市场。

二、RCEP 落地，抢抓机遇

从地缘经济角度来讲，广东与东南亚诸国贸易有得天独厚的先发优势，特别在食品贸易方面合作紧密，互动频仍。一是东南亚各国，中国港澳台地区与广东毗邻，而且由于广东拥有较好的制造业水平，叠加地缘优势，广东便成为东南亚各国的主要贸易合作伙伴，特别是预制菜产业兴起之后，双方的贸易合作力度逐渐加大。二是东南亚诸国食材原料经广东进入我国，而广东生产的预制菜也需要出口到东南亚诸国，因此，这个通道对双方都有十足的吸引力，也有极大的市场价值。三是港澳桥梁纽带作用。随着时代和经济发展，粤港澳大湾区日渐融合发展，中国香港、中国澳门各类餐饮机构、贸易平台往返广州、深圳、东莞、佛山等地，提出预制菜产品一揽子需求，而为了出口需要，广东预制菜企业也需要港澳作为链接海外市场的桥梁，双方合作基点和契机较多。四是互通有无。在泰国、越南、马来西亚等国家，其仓储、物流等基础设施以及加工工艺水平，较广东而言，有一定差距，因此在预制菜产品方面比较缺乏，特别是卤味预制菜、冷藏预制菜较少，需要从广东大量进口，以满足当地华人的饮食需求，双方互通有无，促进了进一步的紧密合作。

随着RCEP到来，东南亚农产品必定蜂拥而至，来抢占国内市场，它们的价格更低，有些甚至品质还好，而广东作为中国南大门，必最先受到冲击。既然如此，不怕人家进来，就怕我们出不去！正好，广东大力发展预制菜产业，将农产品食品化，将餐饮的手艺变成工艺，把农产品生产成便于仓储和运输的商品，有了产业基础，有了聚集效应，广东就能够打造成为预制菜海外营销的高地。对内循环而言，广东组织预制菜去销区进行产销对接；对外循环而言，广东组织预制菜到海外营销，还把优质食材原材料引进回来，既卖到全国，也卖到全球。广东只要牢牢把握预制菜全球营销中心的地位，对科研、生产、市场等资源要素进行最优化的配置，就能在万亿蓝海大市场，立于不败之地。

三、链条完善，产品可控

一是生产条件成熟，成本可控。广东预制菜的材料主要以水产品类、牛羊肉类、蔬菜类等为主，这部分占产品成本的大头，而且这些原材料容易受自然条件、地质灾害等不可抗力因素的影响。预制菜主要的流向是消费者和一些餐饮企业，如果产品零售价没有特别变动，原材料成本一直增高，会影响整个行业的利润空间。而广东水产品和蔬菜丰富，有产业生态、农业资源、交通区位、物流体系等优势，大幅提高养殖效率和销售效益，也让成本可控。二是产品口味大师造。广东预制菜头部企业研发产品，斥巨资邀请粤菜大厨参与研发，大厨的加持让广东预制菜出口产品有了风味的保证。三是物流配送发达。预制菜一般适用于家庭厨房或者餐厅后厨，客户订购量比较分散，由于产品的数量和品种都存在差异，产品配送具有客户订购量小、配送次数较多的特点，客户呈分散型，对于配送时效也具有较高的要求。而配送正是广东预制菜企业的看家本领。海外仓怎么建，前置仓建在哪儿，都会涉及出口品质，而这些，广东预制菜企业都做足了“功课”。

广东预制菜出海路径与成效

自2021年预制菜形成统一概念以来，广东推动预制菜出口沿用了“12221”市场体系建设的一套打法。这套做法带动了广东菠萝、荔枝、兰花等农产品销售，不断地拓展新市场、新渠道、新消费人群、新消费场景……让农民增产又增收，成为破解农产品难卖的利器，并且还可复制、可推广。不过，此前适用的对象是初级农产品，而预制菜是农产品食品化、工业化、商品化的产物，是一个全新业态，“12221”的这一套是否还一样合适？通过建设1个广东预制菜大数据，以“广东喊全球吃预制菜”系列推介活动为平台，抓好国内国际2个市场，汇聚国内国际2种资源，组织产区、销区2场活动，实现“广东预制菜品牌更响了、农户收入增加了、渠道更宽了、市场份额更大了”等一揽子阶段性目标。因此，广东预制菜走出去，为“12221”市场体系建设增添了实践案例，完善了体系理论与实践——“12221”不但适用于初级农产品，也适用于农产品精深加工产品，比如预制菜。

一、系列举措，推动出海

践行大食物观。大食物观的出发点和落脚点，是把握人民群众食物结构变化趋势，满足人民群众日益多元化的食物消费需求，在确保粮食供给的同时，保障肉类、蔬菜、水果、水产品等各类食物有效供给，让群众从吃得饱转向吃得更好、吃得更营养、吃得更健康，保障新时代国家粮食安全，加快建设农业强国，满足人民群众日益增长的美好生活需要。广东在推动预制菜走出去的同时，牢牢把握住“有效供给”和“需求转变”，在食材配搭、营养均衡等方面下功夫、做文章，特别是建设现代化海洋牧场，向深蓝大海要粮食，让广东预制菜产业有了战略纵深发展。

标准先行。海外生态适合预制菜成长。一方面，很多国家商超菜市网络较为稀薄，新鲜食材的获取便利度较低，已经形成了对冷冻食品的消费习惯；另一方面，外国人偏好的中餐风味相对聚焦于麻辣和咸鲜，容易出现爆款单品。为了打造好的菜品，很多企业在符合出口国的食品要求上进行“加码”，针对外国消费者的口味、偏好、习惯，在包装细节、烹饪过程中，设计出对应的服务，并形成企业标准。比如恒兴的酸菜鱼，做成标准的家乡味，率先博得华人华侨的喜爱，并以这一群体为媒介推广铺开，产品广销美国、欧盟、非洲、俄罗斯、澳大利亚、日本、韩国以及东南亚等地。

冷链仓储为出海铺路。《关于加快推进广东预制菜产业高质量发展十条措施》明确提出“推动预制菜仓储冷链物流建设”。广州南沙响应广东省委、省政府号召，定位为预制菜进出口贸易区，将位于南沙的全国最大临港冷链仓库群建成23万吨仓储库容。依托广州南沙国际冷链项目，结合海陆空多式联运，南沙正打造以南沙国际物流中心为“冷链母港”的全链条冷链物流格局，在“港口+园区”的冷链货物集散模式下，进口整体通关时效提升超25％，冷链物流1小时可分拨至大湾区城市群。从中国装柜报关至FDA（美国食品药品监督管理局）仅花费28天，创下中国预制菜产品出口美国的最快时间记录，这离不开南沙在冷链、仓储、通关上的叠加优势支持。同时，南沙总投入5000万元的南沙区预制菜产业园以“一带两核三心”的布局建设省级预制菜产业园，建成后预计年产值超35亿元。广东建设了11个省级预制菜产业园区，通过壮大预制菜企业规模，提升产业集聚效应，预制菜产业园的建设进一步促进了上下游企业衔接和市场合作。

整合产业链出海。表面上看，广东预制菜出口是产品出口，其实它是整个产业链出口。以酸菜鱼为例，从鱼种选择，到汤汁和酸菜选取，每一环节都大有讲究。原材料确定好后，下一个问题便是如何将烹饪过程搬上流水线，实现工艺化、标准化，这需要探索出鱼肉最适宜的切片、调理和浆化方式，还需要同合适的设备厂商合作，让机器模拟厨师刀工，比如在切片环节，只有均匀适宜的厚度和角度，才能让肉片在30—45秒形成理想的卷曲状；而在浆化环节，又要在保证鱼肉入口嫩滑的同时，不能有厚重的淀粉感。因此，这不是简单的产品出口，而是一个产业链出口。

组建联盟“抱团出海”。广东预制菜企业在积极拓展自身出口能力。目前，广州南沙、佛山顺德的一批预制菜企业已获得出口资质，正大力引入港澳厨师经验，推出更多经典粤菜预制菜产品，积极对接香港市场，并以香港为跳板，布局东南亚市场，以求出口到美洲、欧盟等地区。在此基础上，2023年3月，广东组建预制菜出海联盟，旨在搭建集产、学、研、销为一体的预制菜出口产品展示及交易新平台，打通广东预制菜出海痛点、堵点，推动更多预制菜企业开拓海外市场。联盟由13家单位发起，汇聚了媒体机构、科研平台、一批预制菜头部企业，以及世界中餐名厨交流协会、广东进出口商会、中国马来西亚商会·大湾区、中国新加坡商会华南、广东预制菜产业北美发展中心，聚力打造广东预制菜出海通道，组织广东预制菜产业“抱团”出海。

二、全球市场，建立优势

提升了国际竞争力。广东预制菜出口海外，在海外走俏，也倒逼广东预制菜企业规模化，形成与国际标准接轨的生产水平和能力。经过两年多的沉淀，广东预制菜走出去推动广东企业加入团体标准并提升团体标准国际化水平，提高了广东预制菜的海外市场竞争力。

突破了关键核心技术。保鲜技术一直是广东预制菜出海的一道坎。很多广东预制菜企业对此深有感触。之前，加工好的预制菜成品在运输过程中主要用冰块保鲜，存在很大风险。后来，随着技术的发展，发明了冷藏货柜车，可以直接在工厂装货，通过陆路、海路送达目的地，大大缩短了运输时间，也确保了食品品质。现在，广东在“锁鲜”技术方面更上一层楼，在技术上，可实现将一条冻住的鱼解冻后放入水里，鱼复活，游起来。

提升广东预制菜产值。海关数据显示，2022年底，经广东口岸出口的预制菜总额为310亿元；2023年第一季度，广东预制菜出口额为39亿元。广东的点心、包子、水饺等预制主食，在海外市场，能卖到3美元一个（份），大大地提升了广东预制菜的产值。

进一步打响了广东预制菜品牌。在广东喊全球吃预制菜系列活动的加持下，广东预制菜登陆了美国纽约、加拿大多伦多、韩国首尔，并在美国纽约街道大屏亮相，推动广东预制菜进入更多外国市民的餐桌，进一步打响了广东预制菜品牌。

广东组建预制菜出海产业联盟

两端“六问”预制菜

作者 **阮定国 喻淑琴**

预制菜概念尚新鲜热辣，然而赛道上早已站满了角逐者。发展预制菜的逻辑，既是“农业+”的逻辑，也是“食品+”的逻辑。

预制菜迅速火起来，或许是一个产业完成势能积累后的爆发前夕。预制菜向B端（企业商家用户）C端（消费者个人用户）齐发，促进B端降本增效、C端方便快捷，快餐、家庭餐、餐饮店不断渗透；加工技术、保鲜技术，物流冷链护航，以生活“全面便利化”开路。预制菜循着人们衣食住行升级迭代的规律，资本市场上题材的火热便顺理成章。

什么是预制菜？凡是经过加工的食材都可称为预制菜。天眼查显示，全国注册的预制菜企业有8万多家，其中广东就有7000多家，它们都在为亿万百姓早日实现“饭来张口”的生活而操心。艾媒咨询显示，预制菜目前市值已达4000亿元，2025年将达到万亿元。在预制菜大热之际，本文试图从生产与市场两端对六个问题展开探讨。

从市场端探究预制菜

一问：预制菜省时、方便、实惠就能够“赢”了吗？

食品加工由来已久，古时人们就懂得对食材原料进行初加工，以便于保存，长期食用。受加工技术、配送物流条件影响，食品加工由粗及精，从简单到复杂，由作坊到产业。

预制菜不是腾空出世的超级产品。不妨回溯全球快餐文化代表麦当劳的发迹，其自诞生至今已68年，生产线的自动化与标准化，是以预制菜为基础的。2023年上半年，不考虑汇率影响，麦当劳的收入同比增长11％至123.95亿美元；净利润约41.13亿美元，同比大幅增长83％；稀释后每股收益为5.6美元，同比增长85％。

创办于1990年的中国快餐真功夫也类似，使用中央厨房流水线，全程监控物流配送，自主研发电脑程控蒸汽柜，攻克中式快餐生产的标准化难题。比如真功夫的肉饼便由中央厨房制作配送，餐饮店只需蒸熟加酱即可上桌。

随着外卖平台的兴起，快餐食品线上配送已普及。麦当劳年营业额高达232亿美元，外送业务占比不容忽视。“麦乐送”上线15年来，从最初的电话订餐、网上订餐，发展到数字化、精准化、智能化外送系统，已经实现95％的餐厅外卖服务，非堂食（外卖和到店自取）占比超过70％，并登上2021年度中国外卖品牌TOP50第二名。无独有偶，2011年，真功夫推出外卖——功夫送，如今送餐业务占比45％，几乎分得了公司业务的半壁江山。

除了快捷与方便，美味与新鲜是更重要的消费指标，是食品的永恒追求。美味的定义因人而异，正如有人觉得辣味最爽，有人觉得原汁原味才好吃。

顾客对预制菜新鲜度的考量也不尽相同。在中国人传统饮食观念里，清晨运到菜市场的菜、当天宰杀的肉才新鲜。

当然，消费者对新鲜的执念也不是永恒不变的。比如广东的白切鸡、烧鹅也属于预制菜，对于消费者来说，配送距离在几公里内，就还是新鲜的。再如一线城市农贸市场禁活禽宰杀后，冷链技术的突破能够颠覆传统意义上“新鲜”的概念，人们逐渐接受了冰鲜鸡。这说明消费观念是可以通过引导而改变的，科技赋予预制菜“新鲜”，是食品工业升级的含金量所在。

未来的预制菜企业可能会更精准地计算食物中的营养成分和微量元素，真正达成食品健康美味的要求。当代流行的“轻食”“代餐”，搭配谷菜肉蛋奶，倡导简单自然、均衡健康的饮食理念，反映了现代人得到基本物质满足后对减脂、健美的追求。这一点，宠物口粮已经做到，甚至还能兼顾动物皮毛外观的美观需求。

除了新鲜，消费者还在乎“舌尖上的透明”。例如，消费者希望得到这些问题的明确解答：吃预制菜是否营养健康？经过预处理的菜营养会不会流失？是否能满足减脂、健美的需求？有网友就提出，订餐的时候，能不能提前告知是不是预制菜？

当然，预制菜不能割舍人对食物品质的追求，甚至要迎合当代人的特定需要。我们也不能忘记，基本的新鲜美味、满足口腹之欲才能吸引到最大量的受众。

如果说想象决定潜能，那么实践就决定了抵达的广度与深度。可以看到，预制菜不仅是一道简单的菜，其背后是产业细分、产品细分的食品制造，更是为满足现代人方便快捷饮食而生的经营生态。人们对预制菜的生产场景、送达方式有多大的想象力，预制菜就有多大的发展潜能。

预制菜未来的定位是实惠和高性价比，还是精致和高成本，这一点不得而知，仍然需要市场和时间去检验。正如一桌费尽心思的家庭菜与方便及时的快餐，对于消费者来说怎么评价？毕竟在不同的消费场景下人们会面临不同的选择。预制菜配送也是如此，是选择第三方外卖平台的快餐，还是平台电商的即食食品？这显然是萝卜青菜，各有所爱。

二问：未来预制菜主流产品、龙头企业、超级品牌是谁？

任何大产业必有主流产品、龙头企业，而足够高的消费信任度，是通向“头部”的唯一道路。

预制菜省时省力，但与所有速食食品一样，普遍被认为是“将就”及“退而求其次”之选。未来，预制菜有可能成为主流食品，这意味着食用预制菜不再仅仅因为省时省力，还因为它是人们自然而然、心安理得的营养健康之选。

所以预制菜的关键在于建立人们的接受度、信任度。信任是商业的基础，信任的力量十分强大。这里，我们不妨回溯一下婴儿配方奶粉成为主流产品的发展轨迹，它提供了最好的例子，也曾经有过最坏的例子。

IMARC Group数据显示，2022年全球奶粉行业市场规模为323亿美元。2023—2028年，全球奶粉行业规模将以6.4％的年复合增速增长，预计2028年全球奶粉行业规模将达469亿美元。2022年全球婴儿食品和配方奶粉市场规模为3329.89亿元，在预测期内，全球婴儿食品和配方奶粉市场规模将以5.76％的平均增速增长并在2028年达到4660.22亿元。

婴儿配方奶粉是对品质要求严苛而精细的一类产品，“信任”母乳是否可以替代，除了价值观念，更重要的是产品本身。早期的婴儿配方奶粉被认为无法提供母乳的独特营养，因而饱受质疑和排斥。后来研发者不断探索，添加多种功能因子，产品逐渐被接受。当然母乳喂养依然是绝对的主流，但好的替代品使出于各种原因不选择母乳喂养的母亲放下包袱，还为诸多不具有母乳条件的家庭带来福音。多个年龄段的婴幼儿配方奶粉开发出庞大的市场，其中的经营之道，值得预制菜企业借鉴。

人们依然记得婴儿奶粉的一场“信任危机”。国内知名品牌三鹿奶粉为了提高奶粉中的蛋白检测含量，在生产过程中加入三聚氰胺，导致数十万婴儿受害。2008年事件曝光后，“三鹿”品牌一夜坍塌，国产奶粉行业因此遭受重创。事后，国家加强对婴幼儿配方奶粉的质检，更新发布相关标准，国产奶粉艰难地重建消费者的信任。

以上案例说明，科技创新和监管制度缺一不可。从两个方面筑牢消费者与企业之间的信任基石，才能占领主流产品高地。市场挺在前面，创新瞄准需求，新的大单品取决于如何读懂消费者。

目前市场主打的几样产品，干锅小龙虾、酸菜鱼、烤鱼、梅菜扣肉、猪脚姜、速冻点心等，哪个才是真正的替代性主导产品？速冻点心可说是一大品类，它已经占领了早茶市场。中商产业研究院预测，2024年中国速冻食品市场规模将达1986亿元。而以速冻点心为代表的速冻米面制品占比高达52.4％，2021年产量为371.83万吨，同比增长11.21％。三全食品、湾仔码头、思念食品凭借传统单品已然形成中式速冻点心界的三足鼎立之势，老字号品牌广州酒家全面推新速冻点心，众多餐饮大头纷纷剑指亿级市场，行业市场空间大、景气度高。

巨大的空白市场才有机会产生新的大单品。越难满足、越是普遍的需求，则意味着越大的商机。即需求越大，则供给越大，这是经济学中最简单的供需关系原理。预制菜终归是食品，高端化与礼品化是小众，采取过度包装是资源浪费，还违反消费原理，就像天价月饼肯定成不了大单品。消费者的选择不外乎安全、健康、美味与性价比的综合权衡。

因此科技力量贯穿于产业链全流程，从产品研发到冷链物流，由政府主导制定标准，规范行为，监管“前置”，行业自律与他律相结合，创造条件让未来的主流产品、龙头企业、超级品牌脱颖而出。

三问：预制菜盛行会消解千年传统饮食文化吗？

任何活态文化，既在于传承，也在于创新。饮食文化属于活态文化，并不会固化于某个年代或者某个场景。

饮食是一种享受，一次舌尖与美味的碰撞，是一种场景，也是一种仪式感的体现。正如苏轼所写“青浮卵碗槐芽饼，红点冰盘藿叶鱼”，从古至今，中国人对于美食的执念，绝不仅是一张单调的食材单，而是贯穿于饮食的仪式与文化。

于是，一家人围坐而食谓之“团圆”，约友而食成“饭局文化”。其中蕴含的人情味正是饮食文化的核心，因为它在消费者心中沉淀着大量、深刻的记忆锚点。

我们常说，一方水土养一方人，其实，饮食文化也一样。中国地大物博，不同地方的饮食都蕴含着丰富的地方特色和文化底蕴。

有人担心，标准化的预制菜会消解这种差异性饮食文化。笔者认为，饮食文化不应也不会消失，预制菜要成为中华美食文化的新载体。人们对饮食文化的想象其实是基于对“记忆里的味道”的怀恋，但仅用记忆留住这份美食温情是不够的。预制菜的出现满足了这一需求，它针对中国人的饮食习惯和需求，采用本土食材设计产品，它会以科技赋予创新力量，是对于饮食文化的发扬光大。

一方面，预制菜可挖掘传承传统菜式，保留人们记忆中的味道。中山市的石岐乳鸽、顺峰山庄的花椒龙泵汤等菜品，是粤味预制菜的代表菜品，多个星级粤菜名厨成立研发团队，高品控还原“舌尖上的美味”，既留住了菜品的还原度和鲜味，又实现了方便快捷。另一方面，预制菜紧跟时代潮流，不断研发创新，实现与现代餐饮文化的兼容并蓄。港式粤菜由香港厨师在传承传统风味的基础上，汲取东南西北烹饪技艺之长，效仿部分西餐做法，创造出一种全新组合。大陆美食漂洋过海，使得美味不仅存在于乡愁和记忆之中，四海宾客也得以品尝。

粤菜文化源远流长。粤菜和粤剧、粤绣一样，都可以看作是一种珍贵的“非遗”宝藏。粤剧、粤绣在开放灵活、广泛吸收地方艺术形式后，自成体系，体现出广府民系群落的地域文化传统，粤菜也如此。

自汉初时期起源，历经千年岁月，广东粤菜既继承了中原饮食文化的传统，又博采外来及各方面的烹饪精华，根据本地口味、习惯，不断吸收、积累、改良、创新，从而形成了“食不厌精，脍不厌细”的饮食特色。传承至今，成为岭南民间优秀传统文化的瑰宝，更是无数老广记忆里不可替代的味道。

一些繁复的制作、铺排的仪式，北有“满汉全席”，南有“广东九大簋”，这类具有特殊场景的美食制作过程，更适合以“非遗”的方式进行保留与存续。

时代车轮滚滚向前，未来预制菜产业发展势不可挡，其出现或多或少会影响整个厨师行业乃至粤菜师傅的未来。但没有一个行业是一成不变的，预制菜的兴起并不代表传统行业的消亡。更应倡导顺应潮流共同发展，而不是非此即彼，势不两立。

既然预制菜可能会占据厨房的“前台”，那么粤菜师傅不妨转向“幕后”，做一名“菜品设计架构师”，以另外一种方式将美味与文化镶嵌在一起，独创其设计价值和文化价值。这也是广大消费者的期待。预制菜发展要尊重传统，守正创新，以还原的诚心、创新的力量，为非遗文化打开更大市场，为消费者增添更多更深刻的味蕾体验。

因此，“粤菜师傅”代表的是传统价值、品牌价值、文化价值，他依然是“食在广东”品质与美味的背书，更是未来预制菜走向世界的产业名片。

从生产端探究预制菜

四问：乡村产业转型升级抓预制菜就对了吗？

在传统的乡村产业中，农产品加工业以小作坊为单位，以农副食品原料的初加工为主，有人认为农产品生产加工过后“总比烂在田里好多了”。

实则不然。精深加工的农产品变成食品，商品化了，它较初级农产品的价值是提升了，但人工、仓储、流通等环节的成本增加了，后续销售如果疲软，那么市场价值没有转化，堆在仓库，纯粹延长了销售周期，还是突破不了卖难困局，也谈不上提升价值。谁也无法保证加工后的农产品就一定适销对路，预制菜也是同样的道理。农产品被加工成预制菜后，就一定能卖出去吗？关键还在于设计符合市场需求的产品，做到产品细分，抓住目标消费人群，并让他们在各种消费场景中认领所需。所以，乡村产业转型升级抓预制菜固然可行，但把握市场规律，占领消费者心智更为重要。

预制菜市场营销，首先要充分认识预制菜市场需求。预制菜风口来了，那么生产端如何判断它是不是刚需呢？

从市场角度而言，餐饮端——我们通常说的B端，它是链接预制菜生产企业和消费者的桥梁，如何降本增效成为所有餐饮渠道的头等大事。大份变小份，原料以次充好，服务差不多就行……这些都是砸招牌的行为，统统行不通，提高厨房效率才是正道，预制菜来了，既能最大限度地保持风味，又能提高出菜效率，出品还不受人为因素影响，所以，餐饮端会成为推动预制菜产业发展的动力。消费端——我们通常说的C端，消费风潮吹起都是源于年轻人。“90后”“00后”既不愿到菜市场去切肉买菜，也不会宰鸡杀鱼，因此，近年来外卖市场火爆。另外，从2020年兴起的抖店、快团团等电商，是大食品走向C端的必然选择。

基于以上两点，预制菜投资热方兴未艾，市场热烈追捧这盘“菜”。一个产业兴起，往往先是市场巨大需求催生出市场主体群雄逐鹿，进而，新产业吞噬了原来的“老产业”，蓬勃发展起来。预制菜产业也必是站在食品产业这个巨人的肩膀上兴起的，预制菜既有食品产业的基础，又是市场刚需，那它一定能热卖吗？答案是肯定的，但行业好不意味着企业一定行。

从广东预制菜近年来的营销情况来看，爆款产品一般有这么几个特征：一是消费场景多。比如酸菜鱼，它是夜宵的重要菜品，是一家聚餐的选择，还可以进入餐馆成为招牌。二是口味通南北。即无论是南方人，还是北方人，都爱吃的菜品。三是在餐饮端上菜率高。预制菜爆款，在餐饮端往往是上菜率高的菜品，在线下火的菜品，才能在线上火，“线上+线下”渠道打通，成就预制菜爆款，烤鱼是如此，小龙虾也是如此。

高速发展的预制菜产业，已成为推进乡村振兴的新抓手。以预制烤鱼为例，在2021—2022年最火爆期间，一份烤鱼，约1斤，市场价卖40多元，十分抢手，带动了罗非鱼的塘头均价从4元/斤升至6元/斤，养鱼户直接增收50％。而且，每卖一份烤鱼，就为当地税收贡献0.98元。可见，预制菜产业在联农带农增收方面效果显著。

此外，在联农带农方面，“公司+农户”是最广为人知的方式。“手中有订单，种养心不慌。”预制菜在某种程度上相当于订单农业。农民与预制菜企业签订契约，按照市场需求分配种养资源并实现高品质种养，避免了盲目生产，保持价格相对稳定，让农户更有安全感。联农带农还让企业与农户拧成了一股绳，带动农户增收，也推动企业提质增效。

温氏就是一个很好的例子。它创造性地形成了紧密型“公司+农户（或家庭农场）”的温氏模式，将农民纳入公司产业链条共建共享体系之中，培育了家庭农场这一新型农业经营主体，把政府政策与农户的资本、劳动力、土地等资源进行有效整合，引领农户生产满足市场需求且安全优质的农产品，成为联农带农的重要范本。

无独有偶，恒兴集团通过提供恒兴优选农产品和专业技术服务，以标准化、规范化的帮助指导，助推当地养殖户实现增产增收，并涌现出一批水产养殖示范致富村；国联水产也与盒马共同尝试，建设与开发水产品高质高效养殖模式，共建产业园区，致力于进一步探索联农带农。

预制菜以工业思维、工业模式发展农业，并在一定程度上推动了科技与农业生产的结合，同时还可实现联农带农，助力农户进行标准化生产，让农民成为产业工人，减少收入分配不合理现象。让各链条回归社会平均利润，推动产业走向成熟和规范化运作，也提高投资者对农业产业中长期投资的信心，为乡村产业转型升级提供了契机，这是乡村产业转型升级抓预制菜遵循市场规律的体现。

五问：预制菜产业发展出现虚热了吗，如何避免？

一个朝阳新兴产业的崛起，必然会引来大量竞争者。分工链条越长，涌入者越多，越容易形成恶性内卷（非理性的内部竞争或“被自愿”竞争），一哄而起的结果也可能是一哄而散。

但这并不意味着要限制这个产业的发展。正如“股市有风险，投资需谨慎”，看似发展态势极佳的预制菜产业，隐隐呈现“虚热之势”。有企业一拥而上做酸菜鱼，各地上马产品同质的产业园区，以及各种“热钱”扎堆投预制菜。

种种迹象，都引发有识之士的担忧，怕预制菜产业重复建设，怕同质化竞争，怕大潮退去、一片狼藉的现象降临在预制菜。实际上，一个新兴产业，大家还不知道该怎么干、从哪儿着手，几乎是摸着石头过河，各种尝试也是自然，不妨让预制菜“飞一会儿”。

不过，这提醒我们，越是火热的产业，就越要进行理性冷静的思考，过于急功近利，反而可能坏了“好汤”。广东率先出台“菜十条”政策，并在预制菜领域建立省级联席会议制度，以利于预制菜产业高质量发展。

在广东预制菜产业高质量发展联席会议里，29个省直部门按照各自职能分工，协同合作，统筹规划，助推各类信息集成共享，合理布局全省预制菜产业发展布局，同时指导督促各地、各有关单位制定和落实政策措施，支持和规范预制菜产业发展。这在很大程度上，也可防止企业一哄而上、互相踩踏，保证产业链协调发展。比如，因地制宜，写好“特”字文章，鼓励汕头、潮州发展“潮汕一桌菜”，鼓励梅州、河源发展“客家一桌菜”，鼓励珠三角发展“广府一桌菜”，鼓励湛江、茂名、阳江发展“粤西一桌菜”，鼓励韶关发展“菌类预制菜”，既发挥了当地食材原材料、农产品的特色优势，又依托当地产业基础向上拓展，培树地方特色预制菜的核心竞争力。

预制菜产业诞生于互联网时代，无论销售端与生产端，都是一个数字化的产业。因此，发展预制菜产业必须用互联网思维，也就意味着，预制菜销售渠道，并不一定是线下成千上万个门店，它可以是线上各种各样的营销账号组成的电商矩阵。电商平台数据显示，截至2022年底，食品（含预制菜）电商销售高达4000亿元，这个数据较线下门店的销售额毫不逊色。实际上，电商能力强的预制菜企业已经在拼多多、抖音、快手、淘宝、天猫等平台开店了，而且形成了一个新业态：主播、策划、售后、投手、商务等岗位人员形成一个预制菜线上营销团队，通过互联网“卖菜”。在生产端，生产线已经日趋自动化、数字化，通过机器处理食材原材料，不但提高了生产效率、降低了损耗，还最大程度地避免食材因接触环节而产生二次污染。

预制菜插上数字翅膀，也便于大数据生产。预制菜产业数字化，能帮助企业了解在电商销售端哪款菜品畅销，以及在生产端哪款菜品生产流通得快，这有利于指导生产更适销对路的产品。从制度设计上，在任务分工、销售布局等方面，广东力求发展预制菜产业，克服重复，避免一哄而上，杜绝资源浪费。

不论是政府、投资者或企业，关心的都是如何将产业做好做大。把预制菜产业园做成供给大城市的菜园，有序分工、协同进步，推动预制菜上下游产业链配套企业入园发展。由此可见，发展一个产业不仅仅是关注某单一产品的惊险一跳，也要结合整个产业生态的改革。

预制菜方兴未艾，仍需审慎理性对待。它处于发展阶段，一方面预制菜产品研发要把握区域特色；另一方面预制菜产品销售要对准目标人群，明确市场定位。这两点决定了预制菜产品的最终形态和预制菜产业分工的最终秩序。

六问：预制菜市场细分如何精准对接消费者？

预制菜说到底是产业细分、产品细分。预制菜要走向大众，离不开良好的市场体系，广东农产品“12221”市场建设体系要持续发力。

产业上，全产业链条如何有序稳定运行？包括农牧畜禽、水产、蔬菜等生产企业、预制菜加工企业、速冻食品企业，以及线上电商平台、冷链物流供应平台、线下餐饮品牌等。

产品上，如何做到专精特新？这与预制菜的加工程度、烹饪方式、地域特色关系很大，同时也应精准把握具体的消费群体需求。

首先，预制菜应当实现消费者“效率”“口味”“营养”的兼得。预制菜产业须聚焦于对预制菜敏感的消费群体，要深入研究并理解其消费行为和消费习惯，研制出满足消费者口味的食物，建立对预制菜产品的消费信心，高效打开预制菜市场。

在口味方面，广东预制菜最大的保障就是“名厨加持”。比如2019年成立的品珍科技，截至2022年底，销售额达2亿元，它发掘了“厨出凤城”的秘诀。品珍科技依托顺德区域优势，充分抓住顺德“世界美食之都”的品牌优势，邀请国家级名厨研发产品，在线上打造了多个爆款产品；又比如国联水产，是广东预制菜上市企业，它研发产品也邀请了知名厨师共同开发，在上海还成立了研发中心。这些企业共同的心愿就是将名厨手艺变成工艺，将好吃的菜品标准化，规模生产。另一大保障便是“风味还原”技术突破，目前最新的技术能将一部分的菜品口味还原几近100％，也就是预制菜跟现炒菜口感几乎相等，还原度达到80％，现炒菜与预制菜便十分接近了。

同时，预制菜也要实现消费者便捷与健康的平衡。在营销过程中，预制菜要以产品的健康美味为客观基底，也要赋予产品消费者需要的情感文化价值。应结合现代都市人的现实需求，注重打造生活新风尚，体现当代年轻人时尚、潮流、健康、绿色的生活方式和价值取向。

预制菜是否新鲜？新鲜不是一个时间概念，如果一块肉，割下来放在市场的肉板上一个下午，与一块肉割下来马上速冻放冰柜一周，消费者会认为哪个更新鲜？新鲜是一个品质概念。预制菜是经过工厂挑选食材，邀请名厨开发菜品，层层把关，经过市场盲测、口味测试等环节，然后才上市销售，它必须有品质保障。在国外，是没有肉菜市场的，人们都是在超市选购菜品、食材，买够一周的菜回家里放冰箱。因此，预制菜会是吃得健康的有力保障。

随着技术的发展，有了自热米饭、自热汤面，在家里，在野外，不用生火，打开包装，把自热包搁底下，倒进一定量的水，等5分钟，就可以吃上一份热饭，喝上一口热汤，吃完了，把东西装袋子里一收就完事，十分方便，对露营人士、户外驴友以及部队士兵，很有价值。预制菜有很多发展的空间和方向值得探讨，比如特殊人群预制菜、功能性预制菜很有市场空间，目前还是处于空白地带。

酒香也怕巷子深，好产品也需要推广。预制菜在B端的推广，侧重于规模效益大，单个成本可控，在于口味稳定、质量稳定、供应稳定，这一块靠的是口口相传，但供应B端的预制菜企业普遍有个痛点，就是很多SKU（从货品角度看，SKU指一种属性确定的单品，如同一款酸菜鱼，麻辣味和蒜香味就是不同的SKU），但没有自有品牌，也很少爆品，对于生产企业而言，多一个SKU，就多一份成本，这也是很多预制菜工厂做不大的重要原因。预制菜在C端推广，侧重于体验感，行业数据显示，食品类在消费端销售，口感排第一，下单到达率排第二，价格排第三，因此，预制菜企业做C端的，其电商能力必然很强，接下来，消费端将是预制菜企业的兵家必争之地。

还有针对特定消费群体推广预制菜，也是值得研究的。具体而言，一人食预制菜、家宴预制菜、露营预制菜、儿童鲜食预制菜、健身预制菜等，就精准定位了都市中不同消费群体尤其是年轻人的具体需求，更容易赢得消费者的情感依赖，也做到了预制菜市场细分差异，避免产品同质化竞争的不良现象发生。

必须承认，无论市场如何千变万化，品质和安全永远是预制菜产业乃至整个食品行业必须坚守的底线，这也是预制菜持续赢得消费者信任的关键。

在产区要立足特色谋发展，在销区要互通有无求合作。京津冀、大西北缺水产品预制菜，近三年来，广东组织预制菜春夏秋冬四季营销，通过省际交流活动，推动“南品北上，北品南下”，组织了广东水产品预制菜走进京津冀、走进陕西、走进山西宣传推介；长三角地区青睐广东卤味预制菜，广东就组织狮头鹅、乳鸽、盐焗鸡等预制菜产品走进上海、浙江宣传推介；在海外，华人和国外消费者喜欢中国春卷、包子，广东通过喊全球吃预制菜活动，将广东主食预制菜带到美洲、欧盟和东南亚诸国。

总之，预制菜产业发展要抓住“生产”“消费”两端，统筹“国内”“国外”两个市场，打通“当下”“未来”两个层面，以消费需求开路，以问题导向破局，以创新发展不断开拓农产品食品化、农产业工业化的新局面。

“广东味道”出海新航路

作者 **戴春晨 石登江** 来源 **《南方周末》**

2022年元旦，一阵汽笛声响起，六条集装箱货柜在湛江港被装载上货轮，开启漫长的航程。这是一段有“味道”的远航，货柜里装载着熟虾仁、风味烤鱼、麻辣小龙虾以及秘制金鲳鱼。数千公里外，新加坡的超市货架和澳大利亚的餐馆后厨，正等待着“广味”的漂洋过海。在南中国海的更南方，简单烹饪即可上桌的预制菜，正悄然进入消费者的购物清单。

与美食一道抵达国外海港的，是一张新的“通行证”。该日零时许，湛江海关签发首批RCEP原产地证书，国联水产的六条集装箱货柜获得新的通行文书。这纸文书不仅让货柜里的鱼虾制品通关无碍，还赋予其零关税的待遇。

零关税的待遇得益于正式生效的RCEP，即东盟十国和中日韩澳新五国签署《区域全面经济伙伴关系协定》。2022年1月1日，该协定率先在中国、日本、新西兰、澳大利亚及六个东盟国家落地实施，之后将逐步覆盖十五国。这项覆盖全球近1/3人口的经贸协定，将逐步推动区域内90％以上的农产品最终实现零关税。在全球贸易史上，这是古老农业的高光时刻。

在中国，农业牵涉十几亿人口的饭碗，告别“小而散”和“大而不强”是数代中国农民的夙愿。伴随着RCEP的正式生效，从原材料采购到规模化深加工，从打造品牌到构建跨国产业链，作为外贸大省的广东率先祭出预制菜的“先手棋”，试图开辟中国农产品出海的新航路。

让世界吃上预制菜

国联水产很早便与预制菜结缘。过去小半年，国联水产的预制菜不仅风靡国内市场，更进入了日本、新加坡等国家的餐桌，甚至让国联水产变成海内外舆论的“顶流”。

2021年10月，一款风味烤鱼突然冲上全网热搜并连续霸榜48小时，眼尖的网友发现，这款风味烤鱼来自国联水产的“小霸龙”系列。2022年伊始，资本市场掀起的“预制菜”热潮持续半月有余，国联水产成为“预制菜概念股”。

在一些财经媒体的介绍中，预制菜并不是陌生事物，这种经过洗、切、搭配等预加工的成品或半成品菜，能帮助消费者免去许多麻烦，让复杂的烹饪程序变得“像下个饺子一样简单”。广义上说，老百姓熟悉的方便面、火腿肠、蔬菜罐头等即食食品，都属于预制菜。

就是这种人们熟悉的产品，不仅为中国人所青睐，还在海外掀起一阵消费风潮。旅居澳大利亚的佛山市民梁晓燕感觉到了明显的变化。资深的“老广”即使身在海外也难以割舍家乡的味道。在澳大利亚的超市里，她买过“老干妈”，买过潮汕的“虾仁菜脯”，最近的情况是“来自广东的预制菜越来越多了”。她注意到，漂洋过海而来的预制菜，不仅当地华人时常购买，还受到当地居民的青睐。

在境外知名电商平台Weee！（北美最大亚裔购物网站）的评论区，一名ID为“qian.wang”的消费者用英文热情“种草”（推荐事物给其他人，使其他人对其感兴趣或喜欢）了一款“灯影鱼片”：新鲜Q弹的鱼片和酸菜绝配，“是迄今吃过最好吃的鱼片”；另一名ID为“Joan”的用户则回复，黑鱼片没有腥味，没有刺。它已经是预制好，烹饪后不会破裂，食用起来非常方便，他特意“买了六包做番茄鱼片汤”。

更奇妙的事情出现在韩国的热播剧中。在韩国，《女神降临》《文森佐》和《搞笑一家人》等热播剧中出现了中国预制菜，这是来自国内电商平台的广告植入。韩国明星在电视剧中端起中国品牌“自热拌饭”吃得津津有味的镜头，引发韩国网友们关于“中国拌饭好吃还是韩国拌饭好吃”的热烈讨论。

预制菜大热，这是海内外市场的奇妙“同屏”。不同国家的消费者，似乎进入一座巨型的“超级购物城”，购物城的冷藏货架摆放着的，是白切鸡、潮州牛肉丸、潮卤狮头鹅、风味烤鱼和咸香秘制金鲳鱼等“广东味道”。

眼下确实存在一座“超级购物城”，它便是RCEP项下东盟十国和中日韩澳新构建的“超级自贸区”。2022年起，这项覆盖全球近1/3人口的经贸协定正式生效。

RCEP将开启农产品的全球贸易时代。与原来的经贸协定相比，RCEP对农业领域的开放不吝笔墨，提出逐步实现区域内90％以上农产品零关税的远期目标。此外，RCEP还将在农业生产服务、农产品物流、跨境电商等方面进行全新整合。这意味着，随着关税壁垒和非关税壁垒的逐渐消失，中国与东盟市场、日韩澳新市场逐渐变成一体化市场。市场的闸门打开，往往涌现富有生机的市场主体。早在RCEP正式生效之前，就有一大批企业看准了日韩澳新和东南亚市场，纷纷提前布局。广东预制菜的入场已有较长时间铺垫，可以追溯至2014年前后。

国联水产董事何秋菊表示，通过RCEP关税优惠安排，消费者能够享受到更加质优价廉的产品，区域内农产品进出口企业能够显著降低生产成本，“这是最强大的推动力量”。“00001号”证书的签发，标志着产自广东的农产品开始“零关税”进入东盟市场和日韩澳新市场。来自国联水产的熟虾仁和金鲳鱼，成为这段故事的开端。

跨国产业链

RCEP舞台的农业故事，演绎的不仅是海外淘金的热闹，还有国际竞争的艰险。

在许多人的印象中，中国的农业主体似乎“畏惧”国际竞争。长期以来，农业经营主体“小而散”的特征，使中国农业“规模大而不强”，还没有冲向世界市场的规模效应。

RCEP时代的到来，对东盟国家和日韩澳新都是值得欣喜的事情。一方面，多数东盟国家可以利用劳动力成本优势、土地优势和气候优势，对外扩大市场规模；另一方面，日韩澳新以及东盟发达国家新加坡，将可以发挥高度机械化、农业科技乃至农业金融优势，扩大全球农业中高端市场份额。处在两者之间的中国，面临成本优势和技术优势的双重竞争，既有机遇又有挑战。

《南方日报》报道称，RCEP带来广阔市场机遇，也带来更激烈的市场竞争。广东农业既面临东盟在初级农产品市场的同质化竞争，又面临发达国家先进农业技术和成熟资本的冲击。

国际市场竞争是残酷的。梁晓燕回忆说，前些年国内小龙虾火爆时，澳大利亚的水产市场上也曾出现过不少来自中国的小龙虾冻品，但最终敌不过本土的小龙虾而销声匿迹。“从国内那么远运过来肯定要解决不少问题，困难可想而知。”

前述《南方日报》报道援引专家观点指出，如果应对不力，可能严重妨碍广东农业转型升级，迫使广东农业长期在中低端环节徘徊。

漂洋过海的预制菜，被视为摆脱“中低端环节徘徊”的关键行动。预制菜起源于数十年前的美国，兴起于日本，并非消费市场的新品类，但到了广东人手中，有了另一种玩法。

谈及预制菜，恒兴集团董事长陈丹讲起正在发生的变化。恒兴集团从事水产国际贸易已超过二十年。过去，这家企业从东南亚进口生鲜原材料加工成虾仁等制品再出口，销往东南亚和日韩市场，打上“人家的品牌人家的包装”，挣的是辛苦钱；而现在，这家企业依然从东南亚进口生鲜，但出品的预制菜“品牌是自己的，包装是自己设计的”，并且从水产品类扩充到了水果品类。“这样的采购和销售发生在国内，也越来越多出现在东南亚市场。”他补充说。

东南亚多数地区工业化程度较低，能组织起规模化深加工的工厂并不多。陈丹坚定认为，RCEP市场会带来非常大的机会。RCEP的生效，“对国内市场不会造成影响，反而更有利于做加工，成本更低了”。加上精深加工的工艺生产预制菜，利润预计提升十几个百分点。

这或许是应对时势的理想选择：从国内和东南亚采购原材料，在广东进行深加工，再销往国内或返销东南亚、出口日韩澳新市场。在这个过程中，广东农业经营主体充分利用国内国际两个市场、两种资源，运用先进的精深加工工业，打造自主品牌，实现中国农产品从贴牌生产到自主品牌、优质优价的跃升。

而广东在工业领域积累的数字技术和先进管理经验，恰好是理想的辅助和加持。中国庞大的制造产能，以及庞大的消费市场，更是这种“分工”模式依托的基石。

RCEP的“原产地累积规则”是该模式行之有效的保障。按过去的原产地规则，在经贸协定框架下，来自中国的成分价值占产品的40％以上，才能认定中国原产，但中国企业采购的他国原材料无法计入本国的成分价值；而新的原产地累积规则是，只要是RCEP成员国采购的原材料，就可以纳入成分价值统计，认定中国原产，享受低至“零关税”的优惠。国联水产和恒兴集团先后获得的RCEP原产地证书，就是享受关税优惠待遇的凭证。

华南农业大学教授罗必良指出，相比之下，发达国家的优势是基于机械化的生产规模优势，而中国南方的农业局限于地理条件，未来应当做大服务规模，利用先进的技术和服务手段提升农产品的附加值。

从广东当前的实践看，基于RCEP框架的跨国农业产业链正在诞生，而融入先进技术的中国很有可能在“双重竞争”的市场红海中，开辟一条做大服务规模的新航路。

恒兴集团甚至将加工基地建到了越南、泰国、印度尼西亚等RCEP成员国，输出中国的技术和标准，“免费教当地农民怎么养鱼养虾”。此前，这家企业有在埃及建设从育种育苗到养殖加工“一条龙”渔业产业园的成功经验。“我们过去做的是国内的‘公司+农户’，现在还要做跨国的‘公司+农户’。”陈丹说，这将加速国家之间的市场交往与合作，促成更加紧密联系的一体化市场，扩大中国农业品牌在国际市场的影响力。

为预制菜“预制”

随着东南亚的业务越做越大，陈丹很快发现了问题：缺人，不仅缺少熟练的技术工种，更缺乏了解RCEP具体规则的人。在东南亚的加工基地，人才比黄金还宝贵。

“RCEP的规则特别细致，不同国家不同品类开放的规则不一样，有的放开较大，有的又没那么大，有的是立即放开，有的又是逐步放开。”他告诉《南方周末》，“没有专业化的经贸人才，企业很难打开国际市场。”

在中国尤其是在偏远山区，多数农业经营主体都是在本地市场的小圈子里打转，很少接触先进加工工艺，更遑论熟悉全球市场的外贸人才。缺人，是中国农业大转型、迈向全球化的锁链和镣铐。

从这个意义而言，广东预制菜融入全球产业链，走俏东盟和日韩澳新市场，离不开在政策上为预制菜“预制”。发现问题的不只企业家，事实上，在这场农业大转型运动中，广东的农业主管部门反应并不慢。

2021年12月，早在RCEP生效前的半个月，广东省宣布农业领域对接RCEP十大行动计划。在这项重磅文件中，创建广东农业RCEP发展联盟、RCEP农产品国际采购交易中心、RCEP农业贸易公共服务平台等行动，均有助于帮助农业经营主体融入跨国产业链构筑行动；而推动RCEP农业示范经营主体培育、推动RCEP农业领军人才培育，则聚焦于人才的培养。

公开报道显示，2021年11月以来，广东省内已通过座谈会、专题研讨会、培训会等形式，指导农业经营主体熟悉新规则，主动融入RCEP的“国际朋友圈”。

广东省为预制菜“预制”的另一招是建设产业园区。园区经济曾经造就了“中国制造”最初的辉煌，并在中国制造业转型升级中扮演着关键的角色。园区的开放建设，避免了市场主体的单打独斗，缩减了市场主体间的交流和交易成本，能够更快促成产业集群效应，并提升产业在区域经济中的地位。

正在建设的预制菜产业园既有农业要素，也有科技要素和金融要素。从官方发布的消息看，前述工作座谈会提出的第一要点，是搭建粤港澳大湾区预制菜科研平台，开展农产品食品化、功能性预制菜研究。园区还将联合金融保险机构创设大湾区（肇庆高要）产业基金，设计推出预制菜园区专项金融保险产品；同时邀请直播电商平台、百名电商直播网红驻园，培育万名预制菜本土直播人才，搭建大湾区（肇庆高要）预制菜跨境电商平台。

出海抢单，广东预制菜要闯哪些关

作者 **李劼** 来源 **《南方日报》**

“在首届中国国际（佛山）预制菜产业大会上，我们与广东几家品牌签订了框架合作协议。而且这几天与企业、政府等多方交流探讨，能感受到广东政府的大力支持与企业的满满信心与干劲。”2023年3月14日，满载收获的广东预制菜产业北美发展中心理事长林飞启程返回加拿大，“接下来我们会全力对接国内外市场与合作企业，为预制菜品牌出海提供政策法规、物流配送等一站式服务”。

首届中国国际（佛山）预制菜产业大会，有来自海内外超800家预制菜企业参展，现场达成交易额超2000万元，超6亿元签约额。多家企业表示，2023年将积极布局国际市场，对粤式预制菜的海外“出圈”充满期待。

加速度

2022 年经广东口岸出口预制菜超 300 亿元

从湛江走出的行业龙头国联水产开发股份有限公司，是较早一批布局海外市场的预制菜企业。在年初举办的新加坡第十届亚洲水产海鲜展上，国联水产单的一个新单品小霸龙菠萝烤鱼斩获100吨海外订单。

跟随华人脚步在海外市场深耕多年的中华老字号品牌鹰金钱同样表示，2023年将重点拓展海外欧美和RCEP市场、加快跨境电商业务拓展。“我们已全面覆盖即食、即热、即烹、即配各种预制菜类型”，公司有关负责人介绍，近两三年间，品牌加速预制菜新品研发，推出了红烧牛肉、红烧扣肉罐头，以及银耳、龟苓膏、仙草冻糖水罐头等创新产品。

据了解，2022年广东的预制菜企业出海成绩亮眼。来自广东湛江的预制菜企业恒兴集团，2022年企业水产板块预制菜销售额近28亿元，其中，海外销售额占了三成。2022年1—11月，国联水产对RCEP国家出口同比增长约40％，金额超过1亿元，以预制菜等加工类产品为主。2022年1—10月，冠海水产对RCEP国家出口值近5000万元，同比大幅增长。

海关总署广东分署公布数据显示，2022年，广东进出口农产品3301.8亿元，同比增长28.1％，出口1157.7亿元，增长69.1％。经广东口岸出口的预制菜达310亿元。广州海关2022年相关数据显示，2022年1—11月，广州海关关区共检验检疫出口熟肉制品、酸菜鱼、鱼腐鱼蛋等预制菜货值约18.2亿元。

抢先机
广东预制菜口感佳、技术优竞争力强

“中国预制菜产业经过这两年的飞速发展，在2026年市场规模将突破万亿元，选择这个时候布局出海的企业，将从业务增长、品牌价值、技术和投资引进等方面，抢占先机，拔得头筹。”林飞对接下来国产预制菜发力海外市场十分看好。

广东预制菜的优势尤其明显，林飞分析说，“加拿大3800万人口中有170多万华人，其中又以说粤语的华人占比较高”。而且身为行内人，林飞感叹这几年亲身经历、见证了广东预制菜从0到1，再蓬勃发展的过程，“我在加拿大就特别留意这方面的市场调研，发现广东预制菜无论在技术上、品类上、口味上还是品质上，在北美都有非常强大的竞争力”。

据介绍，2023年初，在加拿大举办的中国广东特色农产品（预制菜）品鉴交流活动，引起当地产业上下游的关注，“目前已经有不少连锁餐厅和商超跟我们进行了初步接触，表达了合作意愿”，林飞举例说，比如小红车外卖平台，以及加拿大著名的华人超市阳光集团等。

阳光超市集团董事长陈凯说：“我们超市有佛跳墙、烤鱼、酸菜鱼等预制菜产品，整体销量还可以，比较受上班族和留学生等群体的欢迎。”而且其中不仅有华人，还有对预制菜感兴趣的西方消费者。

闯关卡
以出口导向打通产业链堵点

预制菜出海前景光明、市场广阔，不过在首届中国国际（佛山）预制菜产业大会论坛上，多位企业代表直言，预制菜出口仍需合力攻克标准对接、物流运输、品牌推广等多个关卡。

根据我国《进出口食品安全管理办法》，出口食品生产企业应当建立完善可追溯的食品安全卫生控制体系，保证食品安全卫生控制体系有效运行；建立供应商评估制度、进货查验记录制度、生产记录档案制度等。

大会上，广东海关相关负责人谈到，不同国家间的食品安全监管体系与法律法规差异巨大，是预制菜产品出口面临的重大难点。企业必须具备出口国家要求的相关证书，产品必须达到出口国家的相关指标与要求，预制菜才能顺利出口。

林飞坦言，目前加拿大销售的来自国内的预制菜以鱼虾海产品为主，鸡肉、猪肉等预制菜较难进入当地市场。同时，记者也注意到，首届中国国际（佛山）预制菜产业大会上，企业成交的海外订单多为海产品。

正是意识到企业出海的堵点，林飞所在的广东预制菜产业北美发展中心，吸纳了一批背景覆盖产业链、供应链、跨境投资、管理运营等领域的成员伙伴，“我们希望借此打通多个环节，协助国产预制菜更顺利出海”，林飞如是说。

此外，据介绍，广东政府方面对预制菜出海十分关注，在广东省农业农村厅指导下，于2023年成立了广东预制菜出海产业联盟，联盟将针对预制菜出海面临的痛点、堵点，设置常态化对接、培训活动，力求促进资源共享、优势互补，打通产业链、供应链、跨境投资、管理运营等多个领域，推动打造预制菜全产业链要素紧密结合。

各级地方政府也在积极行动，顺德区农业农村局相关负责人表示，针对企业提出的问题，接下来，顺德将通过当地预制菜产业发展联合会、广东预制菜出海产业联盟等，共同探索通过组织预制菜出口原材料集中采购、举办预制菜出口对接会培训会、组织预制菜企业外出参展、建立预制菜出口预检测中心、加大顺德预制菜海外宣传力度等方式，推动预制菜出口降本提质增效。

架起一座预制菜出海供需桥

作者　包睿　林晓岚　来源　《南方农村报》

“一段不长的话，我写了删，删了改，反复斟酌几次才发出去。没想到不出几小时就有了回应。”来自广东佛山顺德的张女士做的是预制菜的生意，一直想开拓国际市场。回忆起加社群之初，她只是抱着试试看的态度，可如今她正跟远在海外的客户对接细节，可能很快迈出出口的第一步。

迫切需要新客户

“大家好，我是在德国的潮汕人，有意向进入欧洲，特别是波兰、捷克等中东欧或西欧国家市场的朋友，希望能助你一臂之力！”

“我是素食品生产厂家，听朋友说你们有素包子的需求，我把我司产品发给你看看是否适合。”

“我们主营预制广府汤。目前想开拓海外市场，产品符合进出口贸易标准，想建立海外市场渠道，跟谁联系呢？”

“我个人在东南亚待了八九年，主要提供越南、柬埔寨、老挝等三国本地的物流服务，帮助中国客户在东南亚把业务落地，欢迎大家随时联系。”

“黑龙江商务部门来询，俄罗斯那边有帝王蟹供货，广东有没有感兴趣的进口企业呢？”

…………

眼下热闹的供需对接场景并非某个线下热门展会现场，而是由100多位群友共同组建仅一个多月的线上社群，张女士正是在这里找到意向客户。有企业向记者表达，之前受疫情影响，丢了已做多年的国际订单，现在迫切地需要找到新的客户。

企业出海需求旺，国际市场前景广。2023年初“世农之窗”公众号开启线上征集预制菜出海企业和伙伴以来，各界踊跃报名，有自海外来寻找或提供货源的，有做农产品出口加工保鲜的，有物流过关和金融支持的，还有语言媒体及法务保障的……不光是预制菜相关企业，五湖四海的外贸全产业链各类主体跨越时差阻隔、突破地域限制，聚在小小的线上社群里，共谋出海路。

截至2023年2月，已有超过50家广东企业或单位提供自身资源优势信息希望找寻对接，30家省外单位渴望加入“国际朋友圈”，十余家企业或单位已进行一对一供需磋商。

我也是中国大厨

快艇在湛蓝的大海中切出白浪，轻快的海风吹乱了船上人耳边的碎发。迎着熹微的晨光，分别来自委内瑞拉和土耳其的油管视频博主——Rafael Saavedra和Neslihan Kilavuz，向大海深处进发，在湛江开启了一段“追鱼之旅”。

在“中国金鲳鱼之都”湛江，渔民在天亮时捕捞的金鲳鱼，中午时分即被投入自动化流水线，被制成活鲜鱼、冰鲜鱼和“淡晒”鱼干等。尔后，销往国内的批发市场、各大商超，有的则继续“漂洋过海”，出口至欧美地区和RCEP成员国。

千年之前，湛江人用淡晒鱼干锁住大海和阳光的味道，“非遗”技艺代代相传。如今，科技让金鲳鱼“锁鲜”有了更多可能。在湛江，近20家水产企业已研发出20余种预制菜品类共近500个，总产值超40亿元。其中，金鲳鱼预制菜产品就有200余个。

30分钟搞定一桌“年鱼盛宴”？两位外国友人欣然接受“挑战”。在热气腾腾的厨房，金鲳鱼预制菜产品闪亮登场。不过20分钟，一桌佳肴带着烹饪者的温情端上餐桌。“变身中国大厨，原来可以这么简单！”Neslihan Kilavuz惊喜道。

为了让更多海外消费者感受到这份惊喜，广东预制菜企业带着自家的拳头产品和满满的诚意，走向更广阔的国际市场。

烤鱼、酸菜鱼、小龙虾、虾滑、一夜埕金鲳鱼、酒香鲈鱼、面包虾棒、虾饺、烧卖……以“品家乡味过中国年”为主题的中国广东特色农产品（预制菜）品鉴交流活动近日在加拿大多伦多成功举办，多种具有代表性的粤式预制菜品，经厨师简单加工后被端上了餐桌。

“真是家乡好味道！”与会者边品尝美食边点评交流，现场气氛热烈，几位“老广”颇有心得。这场别开生面的美食品鉴活动，让广东预制菜俘获了不少粉丝，也让居家就能“秒变”大厨成为生活方式的新选择。

家乡味抚慰游子心

立春刚过，加拿大多伦多街头的寒意未退，有一群老人们的心里却暖意融融。元宵佳节当天，多伦多孟尝会安老院收到了200份由广东预制菜企业捐赠的预制菜礼盒，盒上写着这样一句话：“青山一道同云雨，明月何曾是两乡。”

成立于1964年的多伦多孟尝会，是加拿大联邦政府批准的华人首创慈善社团。居住在这里的华人长者，大多来自广东和香港。广东预制菜的到来，让他们可以从创新而便捷的食物中品尝到家乡的味道。

离乡多年的游子，更能体会到“家乡味”的含义。“50年前我来到加拿大读书，去超市买土豆等食材，炒一次放一个星期，吃的时候就从冰箱里拿出来解冻。当时的条件是很艰苦的，如果有预制菜就轻松多了。”回忆起过往，广东商会会长陆炳雄十分感慨。

“只要有华人的地方，就有中华美食，家乡美味总能给我们带来内心深处的温暖。”中国驻多伦多商务领事李彤表示，饮食文化不仅需要传承，也需要创新，预制菜这个新兴行业契合了时代的发展和需要。不仅让广大华侨华人能够品尝到家乡的美味，也让更多的加拿大本地人体验舌尖上的中国，为传承中华饮食文化做出新的贡献。

美味不分国界，在任何时候谈起美食，都能引起愉快的回应。加拿大前总理私人顾问、K&A医疗集团董事长Marc Kealey也对中餐情有独钟。他的太太就是中国人，因此对中餐了解甚深。“有些加拿大人认为中餐就是鸡肉球，但事实并非如此。”他表示，将中国文化与预制菜相结合，让当地人认识真正的中餐，是打开预制菜加拿大市场重要的一步。而美味地道的新式中餐预制菜，也成为中国饮食文化推向海外的重要途径之一。

据了解，截至2023年2月14日，跟广东预制菜美食文化相关的内容已被翻译成中英法葡多种语言，在海外超过50家媒体进行传播，影响覆盖约5000万人次，谷歌搜索“premade”相关词条，广东预制菜排在第一的位置。

广东预制菜美食文化声名远扬，吸引不少海外客商的关注，广东省驻法国经贸代表处负责人近日透露，有多家法国企业对佛山即将举办的首届中国国际（佛山）预制菜产业大会很感兴趣，将专门乘飞机前来观展。

广东预制菜的出海之路正在脚下。

挑战与破局：从“出圈”到“出海”

作者 林健民 来源 《南方农村报》

继2023年春节广东预制菜品鉴交流会走进加拿大华人商超、市场后，广东预制菜专题推介活动陆续走进新加坡食品展会、中餐馆与当地消费者见面，为海外商会、美食爱好者等相关组织和代表奉上广东美食，为中新农业贸易合作牵线搭桥。

先有预制菜话题在网络上火爆，澄海狮头鹅预制菜、徐闻鲜切菠萝预制菜、湛江水产预制菜等相继“出海”；广东预制菜品鉴交流会频频在海外落地，加上RCEP政策利好，广东预制菜“出海”一直处在聚光灯下。

标准为王
提升海外市场竞争力

要将预制菜出口到海外，意味着需要具备规模化、与国际标准接轨的生产水平和能力。

“中国的预制菜产业发展还不是很成熟，其中一方面就体现在标准上。”中国新加坡商会广东办事处副会长李懿静表示。在她看来，预制菜行业团体标准参差不齐，推动广东企业加入团体标准、提升团体标准国际化水平，将提高广东预制菜的海外市场竞争力。

在业界，国内预制菜产品必须按照出口标准进行各项调整和改变。2022年正式实施的《进出口食品安全管理办法》明确指出，企业出口预制菜等食品时，需要注意食品安全卫生控制、食品包装和运输方式、海关监督检查、通报核查、食品标准要求等。

“不同国家间的食品安全监管体系与法律法规差异巨大，是预制菜产品出口面临的重大难点。企业必须具备出口国家要求的相关证书，产品必须达到出口国家的相关指标与要求，预制菜才能顺利出口。”海关总署广东分署相关负责人表示。

业内人士建议，企业需尽早布局，按照国际化标准生产预制菜出品创汇。“不少国内预制菜厂家只注重国内市场，没有注意国外市场。当他发现国外市场很重要的时候，再去对标海外出口标准已经来不及了。”广州雪印食品股份有限公司总经理李煌表示，在这样的情况下，企业的工厂改建要花时间，体系认证要花时间，出口备案还要花时间，一趟下来半年时间过去了，可能整个市场竞争格局都已经发生了变化。

技术为本
解决出海保鲜难题

保鲜技术一直是广东预制菜“出海”的一道坎。惠州顺兴食品有限公司（简称“惠州顺兴”）在保鲜这道“坎”上深耕20多年。“挑战性最高的是保鲜的过程。为此，公司在政府部门的帮助下，申请了香港、内地两地车牌的冷藏货柜车。从1999年8月开始，直接在工厂装货，通过陆路送达香港，大大缩短了运输时间。”惠州顺兴企划经理陈奕林表示。

对于如何锁住鲜味，李煌也有心得，“雪印鲜食预制菜温度控制在0—4℃，能最大限度保留预制菜的美味和营养，但也只有3—5天的保质期”。要保证全程冷链以及温度精准可控，冷冻技术和冷链成本投入缺一不可。

与冷冻预制菜不同，常温预制菜虽然摆脱了对冷链的依赖，但在包装保鲜技术、口感上要求更高。

“一道菜做好了，还要送杀菌釜里面高温杀菌两个半小时，很多排骨、鱼的骨头（软得）都是能吃的。”白马集团董事长韩子伟介绍，“也就是说，这个技术的问题就在于好不好吃。它的食品安全是没问题的，而且肉类也不怕高温。”

如何在保证口感的同时，维持常温预制菜内的无菌、少菌的环境呢？中国农业科学院农产品加工研究所所长王凤忠认为，常温预制菜加工技术现在已经发生了较大变化，已不需要同时进行高温高压灭菌，“比如瞬时过热蒸汽杀菌，或者瞬时超高压灭菌，还有电离辐射灭菌等，以及在密封包装材料上下功夫，都能一定程度上改善常温预制菜的口感”。

平台链接
提高海外市场对接效率

“广东预制菜企业要出海，单打独斗是不可能的。”李懿静表示，广东预制菜企业“抱团出海”，可以通过“平台链平台”的形式，提高海外市场对接效率。

何为“平台链平台”？即一改以往单个企业对单个客户的“点对点”形式，变为协会组织与协会组织对接的“面对面”形式，最大限度匹配市场资源，形成优势互补。

“我们希望能依托广东预制菜产业联盟，与意向市场的商会、协会牵线搭桥，优势互补、交流信息。”品珍控股集团副总裁梁豪荣表示，部分海外市场路途较远，加之企业对当地法律、政策的不熟悉，与单一客户企业进行现场对接会成本较高。而协会与协会进行对接无疑是最佳选择，利用对方协会对当地法律、政策的了解，可以在一定程度上减少海外市场的法律、进出口等方面信息差所带来的风险。

以平台作链接，或能提升当地市场对广东农产品的认可度。以2022年底深圳市“医疗器械展团”和“智能制造展团”“抱团出海”为例，光拿回来的意向订单金额便超6亿元。深圳市医疗器械行业协会负责人蔡翘梧表示，“组团出海”参展更适合中小企业出海“抢订单”。通过已有的“深圳展团”名片，提高“深圳智造”在境外经销商和采购商中的辨识度，也更容易获得认可。

此外，平台还可以链接专家资源，为企业进行预制菜进出口“扫盲”培训。欧盟贸易研究学者梁芯畅表示，不少企业分不清我国出口食品的要求和出口目的国进口食品的要求。梁芯畅建议广东省预制菜出海产业联盟组织专家，为有意愿出口的企业进行“扫盲”，指导企业根据自身情况找准定位、明确方向、开辟通道，培育预制菜出口龙头企业，让中国预制菜香飘世界。

成立出海联盟　“六劲招”助出口

作者　喻淑琴　郑玮　来源　南方财经

在全力拼经济热潮中，广东预制菜向着世界出发，密集“出海抢单”，奋力冲刺外贸好成绩。广东要喊全球吃上预制菜，为此频出新招。2023年3月3日，在广东省农业农村厅指导下，广东预制菜出海产业联盟在首届中国国际（佛山）预制菜产业大会上启动成立。

近年来，广东立足自身实际，深入实施“百县千镇万村高质量发展工程”，坚持以“粮头食尾”“农头工尾”为抓手，大力发展预制菜等农产品精深加工，预制菜产业成为全省推动现代农业高质量发展的关键支点。在这条未来的万亿元赛道上，广东也早早瞄准海外市场。

3—4月初，广东两次召开促进预制菜出口工作座谈会。广东省农业农村厅、海关总署广东分署等相关部门，广东预制菜出海产业联盟，农林牧渔、食品加工、物流运输等预制菜产业链上下游企业，以及德国、美国知名供应链等平台，齐聚广东共商“出海大计”，推动广东预制菜“出海”合作版图逐步覆盖新加坡、马来西亚、德国、美国等多个国家。广东省农业农村厅相关负责人还提出“六劲招”，支持广东预制菜强势出海。

全产业链组团抢占未来“黄金赛道”

广东为什么要喊全球吃预制菜，并把出口放在预制菜产业发展的突出位置？

“产业发展的关键环节在于开拓市场，出口是拓宽预制菜市场半径与销售渠道的一种重要方式，也是预制菜企业抢占未来‘黄金赛道’的关键一环。”广东省农业农村厅相关负责人表示。

座谈会上，诸多企业都谈及预制菜海外市场前景广阔。“美国、日本预制菜渗透率已达60％，对预制菜接纳程度高，海外食客也愿意‘尝鲜’，粤味预制菜受欢迎。再加上6000多万海外华人华侨本身就是潜在的忠实消费者，因此广东预制菜正越来越‘走俏’海外市场。”受访企业直言。出海抢单也因此成为企业自发的需求。

“在北美市场，粤菜深受欢迎，不少消费者非常期待广东预制菜的到来，也有不少海外公司平台正在寻觅有出口资质、适销对路的预制产品。”广东预制菜产业北美发展中心理事长林飞说。

作为外贸大省，广东在对外贸易渠道上也具有天然优势。数据显示，2022年，广东进出口农产品达3301.8亿元，其中出口1157.7亿元，增长69.1％，增速排名全国第一。在预制菜出口方面，2022年经广东口岸出口的预制菜达310亿元，呈稳步增长趋势。

南方财经全媒体记者获悉，广东预制菜“出海”早已吹响号角。广东在探索各种出海合作新模式的同时，也进一步打开广东预制菜产业发展新思路，构建预制菜经济发展空间新格局。2023年一连串密集造势更凸显广东预制菜产业出海的决心和雄心。

不管是1月“预制菜双节营销活动”“三登小蛮腰喊全国全球吃广东预制菜”等活动开展，2月广东预制菜产业北美发展中心在加拿大揭牌成立，还是3月广东预制菜出海产业联盟成立、预制菜出海论坛举办、预制菜出口工作座谈会召开，广东美味正以预制菜全新姿态登陆海外，中国的美食文化也正通过预制菜走向全世界。

抱团出海共建良好生态

积极出海，“敢拼”更要“善谋”。预制菜海外市场前景广阔，但成功出海仍有多道关卡要闯。多位企业代表在座谈会上直言，预制菜出口仍需合力攻克标准对接、品牌、宣传推广等多个关卡。

广东中荔农业集团有限公司董事长陈耀华表示，影响农产品走向海外市场主要有两个方面，一是品质，二是品牌。“在海外市场上，品质意味着要满足不同国家各有差异的食品标准，这为农产品出海增加了难度。同时，出海企业还需加大力度挖掘品牌价值，通过各类活动、宣传进一步提升海外消费者对中国预制菜产品的认知度和认可度。”

在出海过程中，合作的必要性被与会者反复提及。

欧盟经贸法规研究学者梁芯畅表示，德国人对预制菜接受度高，人均食品消费超过2万元/年。广东预制菜如何在出口欧洲的道路上走得更远更好？即便跨过了欧盟市场门槛，还要考虑如何通过整合产业链上下游的资源，合力降低包括生产、运输等方面的总体成本，增加广东预制菜的市场竞争力。

“其实很多问题我们是可以解决的，包括寻找销售渠道、加速品牌推广等。关键在于我们必须找到对的窗口，找到对的方向，把专业的事交给专业的人去做。可通过联盟平台等合作共筑出海之路。”中国新加坡商会广东分会副会长李懿静直言，建立产业链上下游良好的合作模式，才能推动预制菜产品更好打开海外市场。

2022年，广东预制菜市场规模达545亿元，同比增长31.3%，全省集聚超6000家预制菜企业。面对分散在各行业、各地区的预制菜产业链上下游企业，如何搭建产业对接平台，畅通企业交流路径？

“广东正分层次、分阶段促进更多的出口交流合作。”广东省农业农村厅相关负责人表示，一是积极培育广东省农产品出口示范基地，二是统筹资源，加强预制菜等农产品海外宣传，三是及时了解企业困难，加强与海关、商务等部门协同，加速畅通预制菜出海渠道。目前，广东已成功创建农产品出口示范基地147家，入选国家级农业国际贸易高质量发展基地认证体系14家，位居全国前列。

记者了解到，广东海关也正积极助力，推动预制菜企业走出去，为预制菜企业打通国际供应链提供服务。

提供全链路系统物流解决方案

面对出海标准不一、市场需求差异等问题，广东预制菜企业打开海外市场还需进一步畅通出口“关卡”，并持续加深对出口目标市场的了解。

德国喜马拉雅集团致力于整合德国的中餐馆供应链平台，正在德国建立中国人自己的冷链物流运输系统，让餐馆有稳定、质优、价廉的高性价比货源。其董事长田鹏表示，德国有大小餐馆和快餐店1万多家，正策划在德国超市设立中国预制菜专柜。“德国餐馆大多以自助餐为主，自助餐厅可成为预制菜产品的重要采购商，如果预制菜适合这些餐馆并有不错的价格优势，那预制菜在德国会拥有稳健发展的市场。现在欧洲工人短缺，自助餐馆采购量大，这也有利于预制菜产品的集中采购和批量出口。”

针对预制菜出海的关键运输流程，艾吉赛国际物流集团首席营销官兼高级副总裁李伟生表示，如果能形成运输对接，借鉴国内成功的物流运输模式，可一起推动预制菜进驻美国市场。“出口涉及环节较多，比如预制菜有相应的温度要求，需要提前与船舶公司预约相应货柜。整体都需要细致规划，避免因某个小环节出现偏差，让整个大链条失衡。”

“预制菜市场可以做得很大，只是国内现在缺少统一的出口行业标准，缺少专业的预制菜行业国际物流运输解决方案，此次业务研讨会指明了方向，制订了措施，锚定了目标，大家都可以齐心协力去实现。”李伟生表示，艾吉赛集团拥有自主研发直连美国海关系统的物流信息平台、自建海外仓和末端派送体系等全链路系统物流解决方案，期待通过多种平台，与国内预制菜相关企业共建深度合作模式，为预制菜走向世界，传播中国文化尽心出力，实现贸易双赢。

“六劲招”形成出海方法体系

广东省农业农村厅相关负责人表示，预制菜这一新业态出海对农业国际贸易意义重大，广东将努力创建预制菜出海重要平台，并提出“六劲招”：

一是组织开展广东预制菜出口深调研，梳理研究进与出的诉求、进与出堵点的突破方法，以及进与出要素资源聚合的举措与形态，形成出海方法体系；

二是举办预制菜出海培训活动，培育预制菜出口龙头示范企业，建设出口龙头企业联盟；

三是集成预制菜出口服务体系，推动出口服务企业、机构、平台串珠成链，形成服务矩阵、服务集群；

四是组织出口龙头企业联盟与出口服务体系对接联动，一体化运作；

五是支持预制菜跨境电商、预制菜海外仓、预制菜海外营销推广平台建设；

六是常态化、机制化、品牌化举办预制菜出海活动，以活动承载资源、实现规模、形成合力，努力实现一周一信息共享，一月一合作交流，一季一项目集成，一年一出海峰会。

附："广东预制菜出海产业联盟"名单

"广东预制菜出海产业联盟"首批共建单位

（共计69家，含13家联盟发起单位）

南方财经全媒体集团	粤菜产业发展促进委员会
广东省农业科学院蚕业与农产品加工研究所	广东佛山海的供应链管理有限公司
广东数字经济与贸易研究院	首衡国际供应链（广东）有限责任公司
仲恺农业工程学院仲恺农业品牌创新研究院	广东中荔农业集团有限公司
广东恒兴集团有限公司	广东强竞农业集团
广东雪印集团有限公司	金苑食品（广东）有限公司
佛山市顺德区东龙烤鳗有限公司	佛山市鼎昊冷链物流有限公司
广东品珍鲜活科技有限公司	佛山市顺德区禾荣食品有限公司
世界中餐名厨交流协会	广东懿嘉食品科技有限公司
广东进出口商会	广州中厨食品发展有限公司
中国马来西亚商会·大湾区	广州逸绽新零售科技有限公司
中国新加坡商会华南	广东益膳食品有限公司
广东预制菜产业北美发展中心	东莞蜀海食品有限公司
广东省袁记食品集团有限公司	佛山市顺德区杨氏水产有限公司
佛山市新雨润食品有限公司	佛山市顺德区乐从供销集团有限公司
广东佰顺农产品供应链集团有限公司	汕头市冠海水产科技有限公司
粤旺农业集团有限公司	广州市新东永食品
珠海诚汇丰农业科技有限公司	广州姹衣娜贸易有限责任公司
广东慢食客家贸易有限公司	广州港集团珠西办事处
广东伦太太大健康产业有限公司	广东新山水文化发展有限公司
广州拾三食品有限公司	佛山市同盈食品有限公司
广东拾福佃供应链管理有限公司	日和味业
清远市清新区农一代有限公司	三辣馆食蟹专门店
广州三丰冷冻有限公司	广州市大嫂镬仔餐饮服务有限公司
惠州顺兴食品有限公司	广东传稻有限公司
广州尚好菜食品有限公司	广州市食盈餐饮有限公司
肇庆市中业水产有限公司	珠海市小润金食品有限公司

（续表）

汕头市强鱼食品有限公司	广东来来食品有限公司
佛山南方儿童梦工创文化科技有限公司	广州蟹皇庄餐饮管理有限公司
广州盟海国际贸易有限公司	广东祥木餐饮管理有限公司
中集冷链科技有限公司	佛山市南海日宥农副食品加工有限公司
广州新劲盟企业管理有限公司	广东大湾实业有限公司
香港食盈饮食文化投资有限公司	广东格兰仕集团有限公司
广东东灶餐饮投资管理有限公司	广东中膳健康产业科技有限公司
广东美的厨房电器制造有限公司	

广东思考
贰

广东农业干部讲预制菜
千亿交易额的预制菜“义乌”正在保定首衡崛起

编者按：2023年2月24日，京津冀（保定）预制菜产业大湾区推介对接暨保定名特优新农产品进大湾区活动在广州举行，重点推动大湾区与京津冀预制菜产业合作。本文根据广东省农业农村厅相关负责人发言内容整理。

习近平总书记强调，全面推进乡村振兴、加快建设农业强国，是党中央着眼全面建成社会主义现代化强国作出的战略部署。强国必先强农，农强方能国强。2023年发布的中央一号文件首次将预制菜写入其中，“提升净菜、中央厨房等产业标准化和规范化水平，培育发展预制菜产业”。随着不断探索和积淀，这条万亿元赛道如今将迎来全新发展机遇。

王国维治学有三种境界。第一境界是“昨夜西风凋碧树，独上高楼，望尽天涯路”；第二境界是“衣带渐宽终不悔，为伊消得人憔悴”；第三境界是“众里寻他千百度，蓦然回首，那人却在，灯火阑珊处”。我们开展经济工作的本质是创造价值。对价值的把握，也有三重境界：一是做今天有价值但明天没价值的事，最后“望尽天涯路”；二是做今天有价值明天也有价值的事，“为伊消得人憔悴”；三是“众里寻他千百度”，做今天没价值但明天有价值的事。我们特别担心的是，今天我们在做“今天有价值而明天没价值的事”。当然，我们对“今天有价值而明天仍有价值的事”，应当“衣带渐宽终不悔”。最高境界是能穿透时空，努力创造出“今天还没价值或者有小价值，明天有价值或者有大价值的事业”。

什么是今天没价值、有小价值，明天有价值、有大价值的事业呢？答案是：“蓦然回首，那人却在，灯火阑珊处”——明天有庞大的刚性需求，但今天供给短缺或不足的事业。预制菜产业，恰恰就是这样的事业。以广东为例，1.27亿常住人口，如果一日三餐花费30元，一年的饮食消费就有1万亿元，如按预制菜50％的渗透率计算，就会超过5000亿元，2022年广东预制菜市场规模才545亿元。需求与供给一目了然，价值和机遇千载难逢。

早在预制菜兴起的2022年，保定市领导就下决心率先在京津冀发展预制菜产业。2022年6月24日，我见证了京津冀（保定）预制菜产业园挂牌启动；就在三天前的21日，京津冀（保定）预制菜厂展销采购中心又建成营运；而今天，保定的驴肉火烧、官府预制菜、安国药膳等一批美味可口的预制菜，与一众预制菜企业从京津冀走进大湾区，谋合作、促共赢、共发展。保定预制菜产业在一年不到的时间里迅速崛起，这不就是在创造性地建设“今天小价值明天大价值”的事业吗？

行业数据显示，2022年全国预制菜市场规模增速达到21.3％，预制菜产值增加了1200亿元，广东预制菜市场规模增速31.3％。面对经济下行压力，预制菜逆势高速增长，难能可贵！数据还显示，预计到2026年，预制菜市场将超过万亿产值，而目前全国预制菜的产值仅

4000多亿元，意味着每年平均增长2000多亿元。未来年增长2000亿元的庞大产业的生产端、市场端将会在京津冀、长三角、大湾区。未来，中国预制菜产业必然会出现三足鼎立的局面。自古是“北控三关，南达九省，地连四部，雄冠中州”通衢之地的保定，与京津形成等边黄金三角，而国家级雄安新区又设在保定，地理位置极其优越，更有年交易额超过1500亿元、亚洲第一的首衡农批市场的强力支撑，有着“出处不如聚处”的预制菜原材料的充足保障，有着聚集在批发市场的庞大采购商群体的吞吐吸纳，还有着完备的仓储物流体系的腾挪转运，建设中国预制菜的“义乌”，保定应是当仁不让。

今天，保定市领导率队到了大湾区，为京津冀预制菜大湾区品鉴采购中心揭牌，同时推动了一批预制菜合作项目签约。其中，签订委托中国预制菜产业联盟为京津冀（保定）预制菜产业园招商协议，签订委托南方农村报负责为大湾区预制菜京津冀（保定首衡）一条街招商营运协议；签订京津冀（保定）预制菜一键代发合作协议等，合作项目之新、之实、之深让人佩服。

近期，在我与保定市领导交流时，他们注意到中国乃至全球第一个预制菜百强榜即将发布，便提出要与百强榜合作，实施保定京津冀预制菜产业“五个一”工程：依托一张榜单；开展一系列合作对接活动；定制一套百强榜企业走进京津冀（保定）的专属政策；创建一个服务落户保定的百强榜基金；建设一家预制菜百强园区，实现预制菜产业在保定的强势崛起。

抓预制菜产业，实际上是用工业手段促进农业现代化，推动一二三产业融合发展。制造业是将资源转化为可使用产品的产业，其中农副食品加工业和食品制造业排名前两位。所以预制菜是制造业中的重要部分，具有巨大经济潜力和发展前景，对于推动产业升级和增强国家经济竞争力有重要意义。

此外，时间维度在产业发展中至关重要，高频产业和低频产业，价值大不相同。以房地产为例，它的使用周期约为50年，虽然需求量巨大，但在不断的供给中也会形成绝对产能过剩。汽车的使用周期大概是10年，家具家电使用周期是5年左右。而预制菜产业则是最高频产业之一，因为人们每天都需要食物，所以需求量巨大、产能相对稳定。预制菜产业，正浩荡而来。

谢谢大家！

广东农业干部讲预制菜
从制造产品到创造生态，从种下一棵树到贡献一片林

编者按：2023年3月3—5日，首届中国国际（佛山）预制菜产业大会·胡润预制菜百强榜发布。广东省农业农村厅相关负责人在发布会上发言，本文根据录音整理。

2023年3月3日，全球第一份预制菜百强榜在佛山顺德首发。作为预制菜产业的实践者、推动者、服务者之一，我在这里向所有的奉献者，致以由衷的祝贺。

预制菜百强榜的发布，是预制菜产业发展史上具有里程碑意义的事件。

胡润排行榜一向倾心于创新，这份新生榜单是极佳例证。一定程度上，对于中国经济来说，胡润排行榜是体温计，也是显微镜，还是放大镜。它通过特定的统计调查，构建科学的评价模型，基于大量数据分析，具有不菲的指导价值。胡润团队敏锐关注到了预制菜的价值和意义，并对此做了大量工作，推出了富有说服力的榜单，得到了广泛认可和好评。对胡润先生及其团队做出的重要贡献，我要送上特别的感谢和祝贺。

预制菜百强榜的发布，也是入围企业与企业家的荣誉与骄傲。对入围企业及每一位企业家，我表示由衷的祝贺。

食在广东，厨出凤城。首届中国国际预制菜产业大会乍一出世，便被业界誉为预制菜的“广交会”，随着百强榜的诞生，作为粤菜发源地的佛山顺德，必将成为预制菜产业最灿烂的星空。在此，我向佛山顺德表示衷心祝贺。

因为预制菜百强榜的诞生，百家明星企业星光熠熠，预制菜赛道上的每一位星光赶路人，头上有星空，脚下有力量，从此星辰大海，可见可期。所以，我们也要祝贺投身预制菜产业的每一位从业者。

在这里，借这个难得的机会，我再就预制菜产业的“横空出世”谈一下对价值判断的思考。

世间事，似可分三类。第一，今天有价值明天也有价值的事；第二，今天有价值明天没价值的事；第三，今天没价值但明天有价值甚至有大价值的事。其中，今天价值不高、明天价值极大的事，空间最大，价值最高，意义最大。我们应该早发现、快上马，做出可复制、可推广的模式，做大做强。预制菜事业在中国的蓬勃发展，很好地验证了这个道理。

2022年全国预制菜市场规模增速为21.3％，广东预制菜市场规模增速达到31.3％；2022年全国预制菜产值增加了1200亿元，预计到2026年这一黄金赛道的产值将超万亿元。我们可以从这组数据感知到，我们今天所推动的事业、所从事的事业，正是“今天价值刚起步，明天价值会更大”的事业。

在这里，与大家分享一句我特别喜欢的歌词："我不知道你是谁，但我知道你为了谁。"

在预制菜百强榜发布之前，我们或许不知道您是谁，但是今天我知道您是为了谁，在干些什么。为了农民，为了广大消费者，你们在推动农业变革、厨房变革、生活方式变革、餐饮文化变革。今天预制菜百强榜发布，我知道您是谁，而且您就在这里，我们在一起。

知道了您是谁，意义是什么呢?

力量上，从自我独行到携手同路，从此不再孤独。

资源上，互为依托，群策群力，优势互补，能量巨大。

生态上，从制造单品到创造生态，从种下一棵树到贡献一片林。

这恰恰是排行榜的核心价值，是佛山顺德联合胡润推出预制菜排行榜的重要意义。

预制菜、佛山顺德、胡润排行榜，三者组合在一起，别有意味。预制菜是新时代高质量发展的产物，是中国故事、中国精神和中国文化的鲜活、具体载体。佛山顺德一直是中国经济发展的示范者、引领者，现在依然是第一棒选手。胡润先生则是一系列中国经济奇迹的著名见证者，胡润排行榜一定程度上牵动全球视线。这三者的共同基因，都是敢为人先，都是为了推动社会更美好。

特别是顺德与胡润团队，正在围绕预制菜百强榜，酝酿推出"一张榜单、一场盛会、一套政策、一个基金、一座百强大厦（一个百强园区）"预制菜产业"五个一"建设工程，从无到有，绚丽而实在。

我相信，在新一轮高质量发展的进程中，因为担当、情怀，预制菜、佛山顺德、胡润排行榜以及广大上榜企业家，一定可以发挥更大的作用，实现更大的价值。

最后，祝预制菜百强榜的每一位企业家，在预制菜产业发展中当表率、挑大梁、做标杆，串珠成链，共同推动预制菜产业高质量发展。

谢谢大家!

广东农业干部讲预制菜

市场生产两手抓，把市场挺在生产前面

编者按：2023年6月，广东预制菜启动夏季营销工作。广东省农业农村厅组织召开工作座谈会，分管领导和与会同志进行交流。本文根据讲话内容整理。

广东作为预制菜策源地，始终坚持将市场与生产两手抓，把市场挺在生产前，以市场引领和驱动生产。我们开展了广东预制菜双节营销，进军京津冀、长三角，“喊全球吃广东预制菜”等系列营销活动，让生产者深入市场、洞悉需求、按需投入、科学生产，确保高效稳健。广东预制菜得以蓬勃发展，这“一招”最关键，必须坚持不懈。今天的夏季大营销，也是这“一招”的延续。

市场是实现生产价值的关键，它实现了供应方与需求方的有效对接和匹配。供给的价值在于需求，没有需求的供给是无效的。供应方必须根据需求方的需求来组织生产，才能实现生产价值。准确把握需求，包括时间和空间上的差异，可以提高生产的效率和效益。供需匹配需要通过市场的反复磨合和探索来实现。

要改变重生产、轻市场的惯性思维。在过去相当长一段时间里，我们是短缺经济，社会主要矛盾是人民日益增长的物质文化需求与落后的社会生产之间的矛盾。物质生产资料的稀缺和供应不足，是其中显著特征。

在这一时期，农业系统的主要任务是抓生产。由于物资短缺，产出特别迫切，只要能生产、能发展、能满足需求就“功德无量”，生产成了优先项。生产思维跃然而出——高效配置资源要素，以实现高效生产，保障农产品供应。

新时代，我国社会主要矛盾已经转化为人民日益增长的美好生活需要与不平衡不充分的发展之间的矛盾。在市场中，生产短缺和供给不足已不再是主要问题，而关键在于多样化的产品生产与消费者多元化市场需求的匹配。

因此，我们需要改变惯性思维，树立市场思维。如果只管生产不管市场，只管供给不顾需求，一旦产能过剩，就会导致无效生产、资源浪费，甚至引发恶性竞争，破坏市场秩序，影响经济秩序。

现在，预制菜赛道火热，百亿资本争相入场，新增预制菜企业数量节节攀升。“热发展”的同时，如何防控一哄而上、泥沙俱下，最终一哄而散、一地鸡毛呢？

唯有把市场挺在生产前，让市场引领生产，以需求配置资源。春节前，我们抓预制菜双节营销，现在开展预制菜夏季营销，就是把市场挺在生产前，努力让每一份预制菜都成为有效且有市场价值的供给。同时，让生产者在市场中与消需者“心连心”，感知消费者的真正需求，真正实现“按需生产”。

要防止陷入“舒适区”，要勇于走进“奋斗场”。在工作实践中，为什么我们抓生产很有办法，方法论一套又一套，但谈起市场，往往心里没底、手中无“方”呢？

生活有舒适区，工作也有舒适区。人们更愿做、更爱做擅长的工作，但对于新的领域、不擅长的工作，则心存畏惧，不敢挑战，不愿尝试。

无论工业生产还是农业生产，都有标准、有模式、有场景，都可学习、可借鉴、可复制。工业和农业生产，不在工厂车间就在田间地头，“我的地盘我作主”。

抓市场就是要走出去，走出“自己的一亩三分地”，走进“别人的地头”；不能“自作主张”，要放下身段，把消费者当作“上帝”，装在心里、举在头上，倾听他们的主张。而且，消费主体、消费需求、消费主张，多元多样，纷繁复杂，没有固定的程式和标准。

对于长期抓生产者而言，生产工多手熟，易成为“舒适区”；而对市场越是关注不多，越是不熟悉；越是市场走得深走得远，越是陌生，越是容易成为“陌生地”“艰辛区”。但是“艰辛区”正是“奋斗场”，最应当探索，最值得开发。抓预制菜，不能仅仅停留在所喜欢的舒适区，更应走进“陌生地”，勇闯“艰辛区”，投身“奋斗场”。

拥抱市场的同时，也要保持风险危机意识，方能廓清行业迷雾，更好走向未来。预制菜概念宽泛、品类繁杂，哪些才是代表未来生活的“菜”？要充分研究市场，读懂消费者。无论是净菜配送的升级，还是即食速食的还原，抑或是营养齐全的代餐，各方要在市场中找准农业提档升级的方向。

最大限度贴近和深入市场，顺需而变。市场千变万化，追随市场、顺应市场者，必能实现新变革、推出新业态，实现创新转型、迭代升级。预制菜赛道的崛起，就是市场引导生产，生产随着市场的需求而变革的结果。新时代、新人群、新需求、新技术，是预制菜高光登场的内生动力。

要最贴近市场，最精准把握需求。预制菜的市场在哪？需求者是谁，需求是怎样？特别是“90后”“00后”，以及老龄化群体的需求是什么？把握根本性、普遍性、特殊性、迫切性需求，绘出科学“路线图”，才能实现供给的有效性、生产的价值性。

要根据不同地域文化、人文特色，引导产业差异化发展、特色性布局。以地域为维度，推出“道地预制菜”。例如，推出粤西水产、粤北山珍、广府色香味美和潮汕精制巧作等不同预制菜类别，以满足消费者的多样化需求。

要以时代为维度，推出符合“Z世代”（新时代人群）需求的量化预制菜，注重标热、标糖、标盐、标脂等营养元素的控制，以满足新生代对新健康饮食的追求。

要坚定不移抓质量，努力让预制菜成为广东高质量发展的一张新名片。设立“进”的门槛，不合标不合规者不能进；高举“出”的鞭子，触底线碰红线者要出局。

预制菜是最具互联网基因的“菜”，要实现“数字+菜”。习近平总书记指出，当前，全球产业体系和产业链供应链呈现多元化布局、区域化合作、绿色化转型、数字化加速的态势，这是经济发展规律和历史大趋势，不以人的意志为转移。在数字经济时代，抓市场就要用好数字化手段。

要加快创建预制菜大数据，让“冷冰冰”的数据调配“热辣辣”的生产，用“会说话”的大数据指导预制菜生产与市场营销。

要加快预制菜“数字+”进程，努力让预制菜也像买衣服鞋子一样有“尺码”，通过大数据，进行热量、营养成分定制，逐步实现精准健康管理。特别期待，夏季大营销能试验推出有“尺码”的预制菜。

预制菜是新餐饮风尚、模式、文化的引领者。过去有时装和时装节，或许很快，我们就拥有“时菜”，拥有红火火、香喷喷的“时菜节”。也特别期待，这次夏季大营销，能探索推出“线上时菜节”。时代洪流，滚滚而来。面对预制菜风口，我们要转变惯性思维，跳出舒适区，搏击深水区，努力实现产业的龙门之跃。

广东农业干部讲预制菜

预制菜装备产业，要当数字时代“原住民”

编者按：2023年7月3—4日，首届中国（珠海）预制菜装备产业大会举行。广东省农业农村厅相关负责人就预制菜装备产业发展趋势与路径，跟与会者进行了交流。本文根据发言录音整理。

预制菜2023年首次写入中央一号文件，成为许多地方“拼经济”的重要抓手，产业发展生机勃勃、亮点纷呈。业界预计，我国预制菜将在2026年突破万亿元规模，甚至时间更早、规模更大。

预制菜高速发展，带动着相关装备产业提速扩容。今天，我们在珠海举办首届中国（珠海）预制菜装备产业大会，就是因势而为。借此机会，我向大家汇报对预制菜装备产业的观察与思考，请批评指正。

首先是关于对预制菜产业的认识。习近平总书记指出，必须协同推进科技创新和制度创新，开辟新领域新赛道，塑造新动能新优势，加快实现量的突破和质的跃升。

预制菜产业的迅速发展，既得益于食品技术进步，更顺势于新时代新消费场景的新需要。“90后”“00后”渐渐当家作主，新生代、新习惯、新生活方式、新的餐食形态，应运而生。老龄化加速到来，庞大的老龄群体和对便捷营养餐食的需求，相伴而至。食品工业、“数字+冷链物流仓储及快递”成熟发达，为按需供给的功能性餐食提供了支撑。需求为王，供应为基，新需求催生了新产业。

其次是对产业发展中装备产业先行的认识。工欲善其事，必先利其器。这一逻辑，在音乐产业的发展历程中得到明证。从黑胶唱片到磁带，再到CD（小型镭射盘），人们听音乐的方式因技术的跃进而变化。

20世纪70年代，卡拉OK在日本兴起，主要受益于音响设备的进步。伴唱机的出现，让卡拉OK迅速火遍全球。而全民K歌，不但促进了音响产业发展，还将殿堂艺术送进寻常百姓家，促进了文化事业大繁荣。2001年，苹果公司推出划时代的iPod（便携式数字多媒体播放器），再次改变了音乐消费方式。直到今天，我们欣赏音乐的方式，依然在技术引领下不断更新迭代。

“研发力”是预制菜装备生产企业的必然使命。有了装备技术的支持，消费者就能在美味与健康、便捷与安全之间兼得“鱼与熊掌”。而终端产品与装备产品则永远是相辅相成、相互作用、并肩而行的。

在万亿元级预制菜产业链条上，装备发展空间既在想象之内又在想象之外。谁是预制菜装备企业里的“苹果”公司，今天的大会之后，或许就有端倪。

最后是对预制菜产业装备发展的思考。

新需求促进新生产。预制菜装备产业刚起步，应深入市场，与“90后”“00后”及银发族等群体为友，把握需求的脉络，因需设计，以需定产，既成为供应厂家，又要成为消费终端的创新者与引领者。

顺时迭代，吐故纳新。预制菜时代的家庭，需要新炊具、新厨具、新储具，处处都是增长点。但其中不少增长不需推倒重来，只需升级迭代。比如，预制菜需要加热或烹饪，对储存条件提出更高要求，因而要对厨房电器、家用冷藏、冷冻储器进行改良提升。

以装备标准化促进预制菜标准化。预制菜产业的健康发展需要建立完善的标准体系。装备的标准化可以推动预制菜生产的标准化、流程化、规范化，从而实现预制菜的标准化。因此，预制菜的生产与装备厂家的协同发展至关重要，装备厂家因生产厂家而有存在的意义，生产厂家因装备厂家而有健康发展的支撑。

以工促农，联农带农。预制菜是厨房革命，也是农业革命。预制菜的最大优势在于，以工业模式对接工业资源，如供应链管理、仓储保鲜、物流运输、信息技术等，变革了农产品的生产和销售，实现了农业革命。预制菜装备产业，只有把产业触角延至农业，延至田间地头，才能担当起变革农业的使命。如此，则产业半径更长，产业空间更大，产业价值更高。

“数字+装备”，争当数字时代“原住民”。数字时代，所有产业都可以也必须实现一次“数字+”。预制菜是最具互联网基因的“菜”。作为预制菜产业的底座产业，预制菜装备产业理应自诞生之日，便是“数字+”之子，挟“数字+”风驰电掣而来，为预制菜产业赋予巨大能量。首先是大数据先行，成为基于大数据的产业；其次是人工智能并行，推出最智能的装备；再次是全产业链的数字化链接。显然，预制菜装备，一是具有产业生产技术的驱动力，二是具备产业规模的组织力，三是具有对消费端的联动力，“数字+”一旦落到实处，则可发挥其作为产业链中心环节的作用，以居中的数字化、智能化，延伸至前后端的数字化、智能化，推进原材料组织、产品生产流程，仓储物流分销等各环节的数字化、智能化。

作为最没有历史包袱的新兴产业，从市场端的需求分析研判，到田间地头的生产对接，到工厂加工生产，再到终端产品的上餐桌到舌尖，一路数字化场景。

构建产业文化，打造产业生态。文化是产业的灵魂，是产业不息的生命力。预制菜是对中国饮食文化的传承和创新，预制菜装备产业天然有着文化的根、文化的源。

在预制菜装备产业谋篇布局之初，必须先谋文化之篇、布文化之局。要引导支持将装备制造与饮食文化相结合，打造具有企业特色和传统文化元素的装备产业。有文化的产业，必然是义利产业，其共建共享的生态必然春色盎然，生机勃勃。

预制菜出海，从0到1如何跨越？

记者 **喻淑琴** 来源 **南方财经**

全球化浪潮下，“拼经济”的组合拳方式之一——出海掘金，被纳入广东这个外贸大省和预制菜策源地抢占未来“黄金赛道”的规划路径。

清蒸金鲳鱼、金沙牛蛙腿、白灼五味鱿鱼……在首届“广东预制菜走进美国”品鉴会上，琳琅满目的预制美食给嘉宾们带来全新的美味体验。这些佳肴的食材源自广东汕头市冠海水产科技有限公司（简称“冠海水产”），经由多名中西餐名厨烹饪，制作成创意预制菜。看到嘉宾们对菜品赞不绝口，冠海水产备受鼓舞，随即全力筹备参展在美国的波士顿国际渔业博览会。这是众多广东农业企业出海的缩影。

近年来，广东农产品掀起“走出去”热潮，奋力比拼海外业务，构造了一幅宏观的出海图景。海关总署广东分署公布的统计数据显示，广东农产品进出口规模再创历史新高，跃居全国第一。2022年，广东进出口农产品3301.8亿元，同比增长28.1％，出口1157.7亿元，增长69.1％。

借助RCEP东风，乘着汹涌浪潮，预制菜登上了出海的时代列车，直奔海外消费者的厨房和餐桌，进入美国、越南、加拿大、新加坡等多个国家。数据显示，2022年经广东口岸出口预制菜83.4万吨，出口额310.4亿元。

2022年1—11月，国联水产对RCEP国家出口同比增长约40％，金额超过1亿元，主要以预制菜等加工类产品为主。2022年1—10月，冠海水产对RCEP国家出口值近5000万元，同比大幅增长。另一头部预制菜企业恒兴集团，也在同时开拓欧美、日韩、东南亚三大区域市场，特别是东南亚地区，分布着诸多加工厂和养殖基地，竞争优势明显，品牌知名度高。来自佛山顺德的懿嘉食品，其预制菜产品也占据港澳地区商超渠道50％的市场份额。

这些预制菜企业及时抢占出海滩头，获得不俗成绩的同时，也激发了更多企业开拓海外市场的雄心壮志。广州海关2022年相关数据显示，在2022年1—11月，广州海关关区共检验检疫出口熟肉制品、酸菜鱼、鱼腐鱼蛋等预制菜货值约18.2亿元。

不同于国内，国外预制菜产业在数十年发展中早已深根于市场，国外消费者对预制菜形成了较高的认知度和接受度。相关数据显示，美国、日本等国家的预制菜渗透率已达60％。同时，中国是海外侨民数量最多的国家，有6000多万海外华人华侨，是潜在的忠实消费者，市场潜力巨大。在此背景下，预制菜企业兴起出海浪潮，前程一片光明。

但预制菜出海掘金之旅仍面临不少考验。出海之路，要实现从0到1的跨越，并非易事。受访企业表示，海外市场规则、产品规则、运营规则等与国内有诸多不同。如何适应海外销售环境？如何俘获海外消费者？如何把握需求痛点？如何培养企业国际人才？这些出口中的全新问题，须在摸索中逐步解决。

“不同国家间的食品安全监管体系与法律法规差异巨大，是预制菜产品出口面临的重大难点。企业必须具备出口国家要求的相关证书，产品必须达到出口国家的相关指标与要求，预制菜才能顺利出口。”广东海关相关负责人表示。

在业界，国内预制菜产品必须按照出口标准进行各项调整和改变，包括产品自身指标、产品包装、产品运输等，已成共识。2022年正式实施的《进出口食品安全管理办法》也明确，企业出口预制菜等食品时，需要注意食品安全卫生控制、食品包装和运输方式、海关监督检查、通报核查、食品标准要求等相关事项。

在出海人才方面，不少企业也面临困境。“和其他行业一样，目前预制菜出海出现了明显的人才缺口。企业必须培养更多的专业人才，才能持续推进开拓海外市场的布局。”

世界中餐名厨交流协会主席余永文说：“中式预制菜的配料成分复杂、配比精细，品控难度本就较大，并且预制菜出海产品需符合海外食品标准，这使得预制菜企业的研发压力加大。”

对于目光长远、雄心勃勃的预制菜企业而言，海外华侨市场潜力巨大，但开拓海外市场不能仅局限于华人这个单一消费群体，需通过新口味研发、营销活动、品牌搭建等撬动更多市场份额，开发出外国人也喜欢的中式预制菜。

作为头部企业，国联水产、恒兴集团的预制菜产品出口历程，或提供了可参考的样本。为了达到预制菜出海标准，国联水产从多方面准备，包括设置专业品控团队研究不同国家的准入标准、主动请求中国海关给予指导、与进口国客户多方沟通和明确出口要求等，以确保顺利出货和清关。

同样在海关通关服务、组建专业团队指导等助力下，恒兴集团凭借畅通的跨境物流通道，顺势推出了酸菜鱼、功夫鲈鱼、烤鱼等200多款海外预制菜产品。

预制菜出海之路，道阻且长，但行则将至，行而不辍，未来可期。作为改革开放前沿地、预制菜产业策源地，敢为人先的广东在预制菜热销国内市场之际，正将目光瞄向更广阔的海外市场，粤味预制菜迎来走出去新契机，并在逐步摸索中跨越四海，端上海外餐桌。

传统菜变预制菜，拓展海外市场更应自信

作者 孙运冰 来源 “南方+”客户端

俗话说：“民以食为天。”在国外，故乡一口原汁原味的特色美食会让人魂牵梦萦。近期，“天涯若比邻，同品清远味”成为现实。

2023年3月9日，广东省奇乡食品有限公司生产的鱼肉烧卖和速冻肠粉等广式点心产品在英国完成清关手续，顺利进入欧洲市场。该批广式点心产品约3.6吨，货值超3.1万美元，此次为清远速冻手工点心产品首次以本地企业名义出口欧洲。

当下，一人食“单身经济”催发新消费，且年轻人囿于“做饭难”困局，预制菜需求大幅增长。既要营养健康，又要美味还原，还要安全可靠……在高标准、严要求下，预制菜行业深受年轻人青睐，拥有良好的发展空间。无论是家常的麻婆豆腐、鱼香肉丝、水煮鱼，还是高贵宴席上的鲍鱼海参、佛跳墙，都已经出现了相应的预制菜菜品。这样的预制菜，很“香”。

不过，人吃饭，解决口腹之欲，只是基础诉求。事实上，饮食对于大多数人来说，具有多种功能。比如社交属性，三五好友相聚一堂，千言万语化为饭桌上汤羹的氤氲热气，成为中国传统文化中“团聚”的具象表达。比如解压手段，很多人非常享受从买菜到做菜的全过程，一旦自己做的菜被家人朋友大快朵颐一番，这种满足感是无法描述的。比如审美意趣，人们在做菜的时候，非常讲究色香味俱全，实现观感和味觉的统一。如此种种，不一而足。所以，我们会看到，即使是在预制菜“火出圈”的现在，私房菜、高端餐馆依旧大排长龙。

传统菜与预制菜交战正酣。清远正在助力“清远味道”飘香欧洲，但是我们有理由相信，随着预制菜的发展，传统手艺的价值会更加凸显，吃上一桌纯正的手工菜式，会成为一种难得而尊贵的享受。这也将成为餐饮业的蓝海。因此，我们需要加强传统烹饪技艺的保护。

所谓走遍千山万水，最忘不掉的是家乡的味道，传统菜、传统厨艺对立足乡土、存续文脉具有重要价值。据此，清远须加强传统菜系人才培养体系建设，紧密结合五大百亿农业产业发展，针对区域食材、饮食习惯，推出多元化的清远特色菜系，结合本地食材，用传统“美食”讲好清远故事。

古话说，“能吃是福，善吃是智”。美食，就是地方最好的“名片”。我们相信，无论是方便速食的预制菜，还是鲜嫩味醇的经典菜系，都是清远拿得出手、叫得响亮的“名片”。

潮汕菜走出“美食孤岛”凭什么？

作者 **高永彬** 来源 **《南方农村报》**

“潮汕是中国美食界的一座孤岛。”《舌尖上的中国》导演陈晓卿曾如是说道。

潮汕被称为“美食孤岛”，其核心原因是过去地理因素的阻碍和信息不对称，潮汕菜在宣传和食材运输上无法突破跨区域壁垒，从而导致“酒香也怕巷子深”，不为大众所知晓。加之潮汕地域文化的独树一帜，更导致大多数潮汕美食与外界认知的“隔绝”。

预制菜的兴起似乎正在打破这样的局面。由于具有适合贮运、方便烹调、风味还原度高等诸多优点，预制菜正成为不少潮汕食企打开外地销售市场的“法宝”。

数据显示，目前汕头全市从事食品生产的企业近2000家，其中生产预制菜的规模化企业30多家，所研发推出的牛肉丸、鱼丸、卤狮头鹅等一批特色预制菜品成功走出潮汕，甚至出口国际。在预制菜市场的强劲驱动下，汕头牛肉丸延伸出产值逾百亿元的庞大产业，卤狮头鹅全产业链创值超35亿元，达濠鱼丸产值超5亿元……事实证明，预制菜可以成为潮汕美食“出岛”的诺亚方舟。

首届汕头预制菜美食博览会暨预制菜产业发展峰会在汕头举行，现场汇集了数十家知名食企参展，上百种基于潮汕美食开发的预制菜新品亮相，吸引了数万名观众前往打卡品鉴。开幕式上还发布了一系列加快汕头预制菜产业发展的推动政策，现场促成了多项战略合作。

可以说，这是一场“热人气、聚财气、响名气”的美食博览会。而更重要的是，汕头在这场会上高调宣示，要“推动汕头预制菜产业走在全省前列”，表明了加快向预制菜万亿元市场进军的壮志雄心。

然而，要在当下的省内预制菜赛道抢得领先并不容易。尤其是自广东发布“预制菜十条”政策以来，全省各地纷纷响应，支持政策、营销活动、产业新品，动作频频。其投入之大、花样之多、人气之盛，从前不久举办于佛山的中国国际预制菜产业大会的规模上就可见一斑。

面对这样白热化的竞争，如仅局限于生产端的比拼，而忽视对市场人群的开发，汕头预制菜恐仍难跳出“美食孤岛”的怪圈。但若能有针对性地撬动潜在的消费市场，以市场需求引领生产研发，汕头预制菜高质量发展步伐将更为稳健。而这也正是《汕头预制菜品牌建设十大行动方案》所提到的“以‘生产力+品牌力’撬动‘市场力’，将市场挺在生产前端，生产与市场两手抓、两手硬”的思路与要求。

持续深挖潮菜餐饮市场。潮汕菜是广东三大菜系之一，有着广泛的群众基础。据不完全统计，仅广东省内潮汕籍常住人口就超过千万，其中仅深圳就有超400万潮汕人。庞大的群体支撑起巨大的消费市场。报告显示，潮汕菜市场总值达1500亿元。虽然潮汕菜近年发展迅速，但和其他菜系相比，在发展规模和现代化程度上仍有所欠缺，其核心原因是受到供应链和标准化的限制。许多业内知名的连锁潮汕餐馆仍无法通过预制菜实现菜品供应与口味稳定，只能通过师徒培养制，在加盟分店培养厨师，这大大局限了潮汕菜在潮汕地区及省外的经营推广。在预制菜发展的浪潮下，潮汕菜餐饮行业的现存痛点就是汕头预制菜的增长机会点。

加快开拓海外华人市场。“有潮水的地方就有潮汕人。”数据显示，中国是海外侨民数量最多的国家，在国外有6000多万华人华侨，其中约有1000多万来自广东潮汕。海外华人对中餐的需求非常旺盛，但当地的中餐馆或稀缺，或人均过高，或口味不地道。与此同时，许多海外中餐馆也面临着成本增加、厨师短缺等难题。如何让身处海外的潮汕游子随时随地品尝到家乡味道？预制菜出海提供了解决之道。近年来，在RCEP政策红利的推动下，以卤狮头鹅为首的汕头预制菜品陆续实现出口，上架海外商超和生鲜平台，在一定程度上满足部分海外华人对潮汕菜的消费需求。然而，面对庞大的海外消费市场，以现有的出口数量和种类，还远远谈不上覆盖。可以说，出口市场于汕头预制菜而言，仍然是一片蓝海。

主动抢占预制菜文化市场。想要在白热化的市场中冒尖，“品牌力”必须有且强，文化输入是推动品牌“出圈”的不二法门。去冬今春，广东“年鱼”预制菜销售火爆，靠的正是“年鱼”文化的价值加持。潮汕菜历史底蕴深厚，是一座不折不扣的“文化富矿”。要挖掘具有传播力的文化“珍宝”，同样打造出类似“年鹅”“年丸”等具有节庆营销符号的文化IP，将是汕头预制菜品牌脱颖而出的关键。

此外，潮汕菜重视食材，追求新鲜。尽管目前许多预制菜厂商对食材选择和保鲜还原度方面已愈加注重，但在不少食客心中，预制菜仍是“食材差”“不新鲜”的代名词。对此，应持续加强预制菜饮食文化科普，让预制菜方便美味、口感稳定、食用安全等优点深入人心，让更多消费者接受并喜爱汕头预制菜，进而开展更多以汕头预制菜为主题的美食文旅活动。以文化赋能产业，将有效推动汕头向广东预制菜文化科普高地迈进。

发布“产业规划”，出台“八大措施”，加快“方便粉行动”……一系列政策动作为汕头预制菜产业注入强大动能。活动中，汕头为全市六区一县代表授旗做动员，势要举全市之力推广预制菜。有道是“三分靠制度，七分靠执行”，汕头预制菜产业高质量发展的蓝图已绘就，奋斗正当其时。

打造中国预制菜“广交会”，广东义不容辞

作者 **姚华松** 来源 **《南方农村报》**

2023年3月，广东召开中国国际（佛山）预制菜产业大会，数千名行业从业人员齐聚南粤大地，分享红利，共商行业发展规划，探索合作新模式。

《2022年度中国各省预制菜产业发展水平排行榜》显示，广东、山东、河南、福建、四川、上海、安徽、江苏、湖北、河北分列中国预制菜产业发展指数前十名。面向未来，广东预制菜产业何去何从？笔者认为，广东预制菜产业的总体目标定位应该是构建预制菜全球展示交易、传播与制造平台，打造中国预制菜的“广交会”，让中国预制菜从粤港澳大湾区出发，走向世界。

上述目标定位并非自我吹嘘，而是倚重广东得天独厚的内外部环境与雄厚实力。

第一，从发展基础看，通过发展预制菜引领一二三产业融合发展及城乡协同发展，广东具有最雄厚的产业支撑。加快推进“百千万工程”成为当前广东农业与农村高质量发展的头号项目，其中，产业振兴是重中之重，而发展预制菜产业可以成为产业振兴的重要与关键抓手，因为预制菜具有产业链条长、联农带农效应强等天然优势，能够切实带动广大农民增产与增收。通过发展预制菜产业，促进珠江三角洲城市群与粤东西北、都会区与外围乡村地区、工商业与农业、工厂企业与农地的协调与联动发展，广东具有先天优势。一方面，广东地处亚热带地区，水热条件适中，具有水域面积大、临近海域、海岸线狭长、平地山地与丘陵等地貌类型多样性特征明显等优势，让广东在水产与特色农产品方面拥有良好的资源禀赋，产业链完善；另一方面，广东拥有雄厚的制造业底蕴与基础，具有齐备的农产品加工工业体系，各类农业产业园发展方兴未艾，围绕农产品精深加工的食品加工、电商平台、媒体营销、冷链物流等方面发展势头强劲，加之广东在涉农学校、科研机构、产学研一体化方面优势明显，这决定了广东拥有发展预制菜的良好基础与条件，为一二三产业的融合发展提供空间。

第二，从市场环境看，构建全国及全球性预制菜交流与服务平台，广东拥有相对完善的现代市场体系。从硬环境看，无论高速公路、高铁、飞机等国内交通条件，还是空港、海港等空海运国际运输方式，广东都拥有高度发达与快捷的内联与外通交通与物流运输体系，这无疑为中国预制菜齐聚广东进而走向全球、国外预制菜登陆广东进而进军中国市场提供强大的物流支撑。从软环境看，广东优势主要体现在两方面：其一，广东拥有成熟与发达的国际农产品检测与认证系统，在药物残留、重金属及微生物检测、冷链温控、异地接驳运输、冷柜清洁消毒、制冷测试、安装温度记录芯片、国际金融保险、食品安全标准等方面经验丰富。其二，作为全国改革开放的先行先试地，广东在对外贸易、对外服务与对外营销方面积

外国友人品鉴顺德预制菜虾滑

累了过硬的实战经验，尤其广东已连续举办了133届广交会，在资源集聚、人才招募、技术合作、商务洽谈、产品展销、酒店服务、餐饮供给等方面，广东积累与沉淀了一揽子优势，这决定了广东可以在争取全国预制菜综合服务平台头把交椅中占得先机。

第三，从饮食文化看，广东具有最厚重的美食文化传统。饮食文化发轫与生产方面，“食在广州”“食在广东”的口碑早已传遍全国乃至全球，说明广东人对“吃”情有独钟，喜欢吃好吃的，喜欢钻研与切磋厨艺，对食材、辅料、食品的精深加工、食品的保鲜与储存等方面非常讲究，要求严格，力求精益求精，广东这方面的优势与天赋独树一帜。饮食文化传播与消费方面，广东是著名的侨乡大省，与海外华人的经济社会与文化联系由来已久，其中最重要的联络渠道之一就是博大精深的中华饮食文化，积极发展、传播与光大预制菜，从广东出发，走向全世界，让广大海外华人感受原汁原味的家乡菜肴，这无疑对填补其乡愁、凝聚民族认同、传播中华文明具有重要意义。

美食之都香港，何以成为广东预制菜出海的前哨？

作者　**王猛**　来源　**《南方农村报》**

2023年8月17—21日，2023香港美食博览在香港会议展览中心举行。广东省农业农村厅共组织15家广东农业企业参与本次展览。来自广州、清远、汕头、惠州、江门、珠海等地的农业企业，携盐焗鸡、乳鸽、狮头鹅、猪脚面、盆菜等预制菜菜品及“粤字号”名特优新农产品参展，将广东好产品带出广东，走向世界。

经过几年培育，广东预制菜进入香港市场，是水到渠成的事情。一方面，同为粤港澳大湾区消费重镇，香港与广东不仅在地理上亲近，两地的饮食文化和饮食习惯也极其相似；另一方面，香港人的快节奏生活、餐饮业提效降本的呼声，让预制菜进入他们的视野。过去，广东的供港食品大多是初级农产品，双方只是生产者和消费者的关系。而预制菜的加入，则使两地的饮食文化完成深度碰撞，拉近了美食生产者与品鉴者之间的情感距离。

可见，香江大地刮起预制菜旋风，有其底层逻辑。而对于广东预制菜企业而言，本次组团参展不局限于为当地再加一股风。众所周知，香港是国际知名的自由港。回归以来，在“一国两制”框架下，香港成为进出内地市场的双向门户，实现了与内地携手并进、共同发展的良好局面。放在这一框架下看，香港可以说是预制菜出海的桥头堡，据此可以顺利对接西方市场。广东农产品行业的雄心与远见，就通过这次展会表现得淋漓尽致。

从国际大型展会的经验看，无论组织方还是参展方，都是奔着扩大影响力而去的。香港是国际知名的“购物天堂”，也是著名的“美食之都”。作为香港规模最大的国际食品、农业及农副土特产品展，本次展会的规格之高、知名度之大更是举世公认。正因为如此，广东农企本次组团赴港参展，并举办各种交流活动，对业务拓展和品牌推广具有重要意义。

未来，香港必然是预制菜销售、消费的重镇。如果将之看作预制菜供全球的“前置仓”，而粤港澳大湾区尤其是广东，就可以作为供全球的“中心仓”而存在。预制菜和现炒菜最大的区别在于，预制菜可以实现流水线生产。这种“用工业锅炒农业菜”的生产方式对制造业要求极高，而作为国内领先的制造业基地，广东在这方面恰恰拥有无可比拟的优势。以自由港香港为跳板，广东就可凭借稳定品质、稳定供应的预制菜，俘获RCEP国家及更多海外华人的胃口。

不难想象，即便拥有香港这一桥头堡，广东预制菜的出海之路仍会遇到各种挑战：以往在国内市场形成的路径依赖无法照搬，单打独斗的出海方式也会导致资源浪费。所以，广东的农产品企业要一改“点对点”客户对接形式，变为协会组织与协会组织对接的“面对面”形式，最大限度匹配市场资源，形成优势互补。同时，针对预制菜企业对出口食品的标准不熟、对接市场困难等问题，同样需要由政府层面出动进行统筹指导。

中篇

务实：风正好扬帆

LOCAL EXPLORATION

地方探索

广州：
打造“南沙”样本，修炼粤味出海秘籍

记者 **陈梦璇** 来源 **南方财经**

食在广州。作为全国知名的粤菜首府、美食之都，站在预制菜风口上，“老网红”广州如何焕发新活力，成为预制菜榜上的中坚顶流？

基于“产业生态、农业资源、交通区位、物流体系”等优势，广州以南沙为样本，加快打造预制菜进出口贸易新高地，炒火预制菜产业这盘大菜，让全球6000万华人华侨能够隔空共享地道粤味。在2023年6月底举行的大湾区预制菜（南沙）出口基地首届论坛上，广州南沙雪印预制菜进出口公司和美国Kopt连锁餐饮餐厅等12家公司代表签订了10亿美元预制菜出口订单，涉及海外买家超过20家。

作为粤港澳大湾区重要的“菜篮子”基地，南沙预制菜产业迎来历史性发展机遇。2022年，广州全市有预制菜企业200余家，累计培育预制菜加工收入超亿元的企业25家，预制菜加工收入近百亿元，同比增长约11％，其中南沙的预制菜总产值近20亿元。2023年南沙预制菜目标产值力争达到25亿元，争取预制菜进出口贸易额占比实现逐年递增。

十亿美元预制菜订单签约仪式现场

以鱼为媒炮制预制菜

广州是著名的美食之都，餐饮业综合实力一直位于全国前列。而南沙作为承载门户枢纽功能的广州城市副中心，生态环境优越，自然资源丰富，也孕育出众多美食。

2022年在电商平台一度脱销的“南沙酸汤鱼”，可以说是南沙预制菜“出圈”的一个产品代表。携手贵州秘制酸汤，南沙鱼搭乘东西部消费协作与预制菜产业融合的新风口，升维“出圈”。

水产品类被称为预制菜领域的天花板。而南沙在水产预制菜产业具有得天独厚的发展优势。“酸汤鱼”预制菜取材自南沙位于珠江入海口咸淡水交汇处的天然优质养殖区。这里是广东重要的水产绿色健康养殖基地，水产养殖面积、产值、优质品种产量、水产良种场、农业农村部健康养殖示范场、规模化养殖大户等数据均居广州各区之首。

一道酸辣鲜香的南沙优品“酸汤鱼”诠释了“羊城鱼鲜”的精髓，作为南沙预制菜产业的拳头产品，从南沙的塘头游向百姓的餐桌，离不开育苗、养殖装备、饲料、仓储物流、交易等各个环节的全产业链保障。

大型企业和科研团队的扎堆入驻，快速提升了南沙渔业养殖的科技力。2022年5月，诚一集团旗下子公司广州市诚一种业科技有限公司的生产车间正式投入使用，现已出苗近6亿尾。在现代渔业的“芯片”水产种苗领域，随着“湾区种业灯塔行动计划”实施，海大集团、恒兴集团、温氏集团等一系列水产科技研发优势企业纷纷落地。由刘少军院士专家工作站作为技术支撑的淡水鱼类南沙（南繁）育种中心打响种源技术攻关“第一枪”，全面达产后预计年出苗400亿尾。依托2023年启用的华农渔业研究院，南沙将进一步打造国际水产种业创新高地。

农产品“靠天吃饭”一直是行业的痛点，如何有效保障原料品质?大数据管理也是南沙水产品类预制菜走向高质量发展的重要环节。以诚一集团的智慧渔业管理平台为例，该集团每天要向大湾区供应10万斤鱼。养殖人员只要点一点手机，就能进行喂食、增氧，还能检查设备运行情况。通过智慧渔业管理系统，6800亩鲩鱼养殖基地基本实现了机械化、自动化、标准化和信息化养殖生产管理，年产鲩鱼约1.5万吨，产值超2亿元。这些渔业数据信息与渔业产业资源、渔情监测、企业管理、产业园项目等信息集成到南沙渔业产业园内的大数据管理中心智慧大屏上，大幅提高养殖效率和销售效益。

材料有了，菜怎么炒?由广州市正安食品有限公司、广州南沙明曦检测服务有限公司等4家单位主导起草的《预制菜酸汤鱼生产工艺规范》团体标准已获批发布，规范了预制菜酸汤鱼的生产和管理，为提高预制菜酸汤鱼产品质量，保障预制菜食品安全提供参考依据。

酸汤鱼的成功是南沙预制菜产业布局逐渐完整的缩影，在政策加持下，预制菜产业链上中下游企业加快在南沙聚集。

布局预制菜十年来，南沙已汇聚了真功夫、九毛九、恒兴、绿成餐饮、尚好菜、包道、中大餐饮等18家预制菜企业。包括南沙现代农业集团、正安食品、诚一集团、南沙渔业产业园在内的30多家预制菜产业链上下游企业，均加入了2023年6月成立的南沙区预制菜产业协会，标志着南沙预制菜产业发展将实现从“各自发展、分散突破”向“抱团发展、集群攻坚”转变，走向规范化、标准化、产业化。

南沙现代农业集团作为牵头实施南沙预制菜产业布局的主体，正在发力现代化海洋牧场建设，推动水产预制菜产业可持续高质量发展。南沙现代农业集团副总经理陈冲介绍，集团在2021年投资2.9亿元建设的南沙渔业产业园水产分拣加工中心项目，即将于2023年底竣工试运营。“2023年我们将陆续向市场推出水产预制菜系列产品。”陈冲表示，南沙现代农业集团将不断加大对以金鲳鱼、黑鱼、南美白对虾等海洋牧场网箱养殖产品为原材料进行加工的“南渔汇”预制菜品牌的培育力度。

冷链仓储为出海铺路

2023年第一季度，广东省出口预制菜达39亿元。伴随全球贸易的复苏，组团出门寻找全球客商已经成为大批预制菜企业发展的新方向。

2022年3月发布的《关于加快推进广东预制菜产业高质量发展十条措施》明确广州南沙预制菜进出口贸易区的发展战略定位。作为预制菜进出口贸易区的承担载体，总投入5000万元的南沙区预制菜产业园以“一带两核三心”的布局建设省级预制菜产业园，建成后预计年产值超35亿元。

壮大预制菜企业规模，提升产业集聚效应，预制菜产业园的建设进一步促进了上下游企业衔接和市场合作。

2022年，广东雪印集团先后在南沙设立了预制菜总部和全国首家专注预制菜进出口贸易的公司。广州雪印预制菜进出口公司在2023年6月1日推动第一柜扬州包子预制菜顺利抵达美国完成通关，获得美国FDA发行放行通知。

从中国装柜报关至美国FDA仅花费28天，创下中国预制菜产品出国美国的最快时间记录，这背后离不开南沙在冷链、仓储、通关上的叠加优势支持。

位于南沙的全国最大的临港冷链仓库群已建成23万吨仓储库容。依托广州南沙国际冷链项目，结合海陆空多式联运，南沙正打造以南沙国际物流中心为“冷链母港”的全链条冷链物流格局，在“港口+园区”的冷链货物集散模式下，进口整体通关时效提升超25%，冷链物流1小时可分拨至大湾区城市群。

“南沙综合保税区作为国内产品‘卖全球’的前置仓，进口产品‘买全球’中转仓，增加了预制菜产品进出口贸易的掌控权和议价权。”南沙区农业农村局局长钟惠彪表示。

依托上述基础，《关于支持南沙区预制菜产业园发展的若干措施》明确打造以“生产+加工+研发+仓储+物流+营销+贸易”为模式的预制菜产业发展的全产业链体系，通过服务港澳市场，对接海外市场，加强与港澳工商协会的交流，探索预制菜生产前置港区直接联通港澳、海外的产销模式，最大限度地增加原材料的附加值。

“如今，预制菜出海大潮将至，要充分利用‘两个市场’‘两种资源’加快推动预制菜走向海外。”广东雪印集团有限公司董事长肖勇生表示，广东雪印集团依托南沙预制菜产业园，肩担“链主”重任，以建设大湾区预制菜（南沙）出口基地及展销中心为载体，打造全球预制菜产业贸易投资中心，将带动百家预制菜上下游企业和千个预制菜品牌走向世界。

除了借助进出口贸易平台“抱团出海”，预制菜企业也在积极拓展自身出口能力。“目前，尚好菜已获得出口资质，正大力引入港澳厨师经验，推出更多经典粤菜预制菜产品，积极对接香港市场。”广州尚好菜食品有限公司总经理雷英表示，尚好菜扎根南沙7年，深耕大湾区市场多年，营销网络遍布全国各地，下一步将充分利用南沙综合保税区、国家进口贸易促进创新示范区等政策优势，在保税区内租建厂房生产预制菜产品，形成以南沙为核心，以香港为龙头，辐射东南亚的海外销售市场布局。

记者了解到，未来，广州将进一步筹划制定完善预制菜产业扶持政策，指导南沙区完善预制菜省级现代农业产业园建设资金使用方案，印发《中国（广东）自由贸易试验区南沙新区片区创新预制菜数字化发展工作方案》，积极筹建广州南沙自贸区预制菜产业协会，引导粤菜预制菜产业发展。

打造预制菜进出口贸易区

近期，南沙区修订了《南沙区现代农业产业园财政补助资金管理规定》，同时按照“一园一策”出台《关于支持南沙区预制菜产业园发展的若干措施》，提出了预制菜产业园实施主体16条扶持措施。

例如，在支持产业园项目用地上，用好乡村振兴用地指标、盘活村集体物业、流转集约土地等多形式支持产业园发展；在预制菜产业科研和信息化建设上，支持南沙现代农业集团筹建广州市南沙区预制菜大数据中心，并明确单个项目补助最高不超过300万元；在培育预制菜示范企业、扩大设施设备投资上，单个项目补助最高不超过500万元。此外，在预制菜原材料采购、组建预制菜协会、预制菜产业金融服务保障、预制菜溯源应用和标准化建设等方面，也给予一定补助。

同时，为推动南沙预制菜产业高质量发展，南沙将围绕港澳、海外两个市场打造预制菜进出口贸易区，拓宽预制菜进出口贸易的深度和广度。具体来说，以服务港澳市场为跳板，对接海外市场，加强与港澳工商协会的交流，探索预制菜生产前置港区直接联通港澳、海外的产销模式，最大限度地增加原材料附加值。积极推进现代化海洋牧场建设，依托南沙临港优势强化海洋牧场装备制造，发展海产品精深加工和进出口展销，提高临海经济附加产值。

佛山顺德：
打造“全国预制菜之都”

来源 《南方农村报》 南方财经

2023年5月初，顺德发布《佛山市顺德区预制菜产业高质量发展三年行动计划（2023—2025年）》（简称《三年行动计划》），提出未来三年将围绕打造“全国预制菜之都”和“全国预制菜产业高质量发展样板”的目标，在做强产业、打造品牌、人才培育、构建标准、配套保障等五个方面重点发力。

近年来，广东深入实施“百县千镇万村高质量发展工程”，坚持以“粮头食尾”“农头工尾”为抓手，大力发展预制菜等农产品精深加工。其中，“出海”抢单全球预制菜市场更是备受重视，成为广东推动预制菜产业高质量发展的关键一环。

作为中国水产预制菜之乡、全国首个工业总产值突破万亿元的工业强区以及世界美食之都，顺德一二三产业实力强劲，发力预制菜出口具有极大的优势与想象空间。如今，顺德正积极抢抓预制菜出口机遇，让“寻味顺德预制菜”品牌走出去，让世界共享“世界美食之都”的美味。

“出海”订单超预期

在顺德区北滘货运码头，一批已完成海关监管的烤鳗，预计十余天便可到达日本港口。

接订单、办资质、对接进出口公司、开拓新市场……2023年开春以来，顺德预制菜企业出海业务格外忙碌、活力澎湃，成为当下拼经济的“一抹亮色”。1—2月，经佛山海关监管出口的预制菜产品货值达约1.5亿元，品种包括烤鳗、冷冻鱼片、酸菜鱼等。

3月3日，广东预制菜出海产业联盟在首届中国国际（佛山）预制菜产业大会上启动成立；3月13日，顺德预制菜企业出口工作座谈会召开，出海产业联盟和政府相关部门、企业、专家等嘉宾一起，畅谈顺德预制菜出口前景，探讨如何依靠出海联盟等平台抱团出海、降本提质增效，构建全产业链、高效的预制菜出海合作模式。

“企业在办好出口资质之前，就已接到了来自欧洲、北美洲、东南亚、南美洲等地的预制菜订单或咨询。”佛山市新雨润食品有限公司总经理助理蔡家韵说，企业深切感受到了预制菜出口巨大的市场空间，如今已办好出口资质，正摩拳擦掌，准备推动预制菜“走出去”。

“出海”订单超预期的背后，是如今需求旺盛的预制菜出口市场。

目前，国内预制菜产业还处于起步阶段，但海外尤其是发达国家预制菜产业普遍较为成熟，消费者对预制菜的接受程度也高。对海外消费者而言，包括顺德菜在内的粤菜知名度高，具有独特的美食吸引力。

“在北美市场，粤菜深受欢迎，不少消费者非常期待广东预制菜的到来，也有不少海外公司平台正在寻觅有出口资质、适销对路的预制产品。”广东预制菜产业北美发展中心理事长林飞说。

顺德作为著名侨乡，拥有港澳同胞和海外乡亲超过50万人，旅外同乡会和异地顺德商会近90个，预制菜出口想象空间更为巨大。随着预制菜出口迎来风口，越来越多的顺德预制菜企业加入出海步伐。

“自2022年第一次出口预制菜后，公司不断扩大出口业务，出口产品包括包点、糕点、佛跳墙、盆菜等顺德美食。”顺德区粤香食品制造有限公司总经理吴宏伟说。

广东品珍鲜活科技有限公司也于2022年探路预制菜出口。3月，品珍科技560箱合计4.26吨御鲜锋预制菜出口港澳，超万份顺德预制菜飘香大湾区，内含酸菜鱼、冬阴功海鲜什锦等产品，进入香港HKTVmall、IEAT以及澳门百佳、新花城等超市销售，同时上架澳门线上闪锋购物平台。

佛山市顺德区东龙烤鳗有限公司是顺德老牌知名预制菜企业，办公室主任张国富表示，2022年企业出口烤鳗1.7亿元，占企业比重约70％。

出口能取得如此成绩，与顺德在预制菜产业上的强劲实力分不开。

顺德是中国水产品重要基地之一，乌鳢（生鱼）年产量占全国20％、占全省45.3％，鳗鱼年产量占全国30％、占全省50％，还拥有国家及省市级农业及农产品品牌29个；作为工业大区，顺德在预制菜制造方面基础更加雄厚，拥有东龙烤鳗、品珍科技、新雨润等上规模预制菜企业约30家，并计划投资百亿元打造三位一体的预制菜大型综合产业园。

顺德还是粤港澳大湾区的厨师集聚地。截至2022年年中，顺德拥有43位“中国烹饪大师”、27位“中国烹饪名师”，依托广东领先的餐饮人才培养体系，顺德每年汇聚及服务超10万人才。近年来，为推动预制菜高质量发展，顺德还成立顺德美食工业化研究院、中国（华南）预制菜产业人才培训基地等，加速人才培育提升技术水平，这都为顺德预制菜出口奠定了坚实根基。

五方面发力预制菜产业

顺德作为广东预制菜“先锋”，坚持“一心两翼三产融合”为发展主线，全力推动预制菜产业向更高水平发展。2022年，顺德区预制菜产业发展逆势而行、稳中向优，全区预制菜生产企业营业收入约87亿元，同比增长约46％，出口金额超14亿元，预制菜高质量发展潜力显著。

为抢抓历史机遇，高效落实“百县千镇万村高质量发展工程”，推动顺德区预制菜产业高质量发展，5月6日，顺德发布《三年行动计划》，提出未来三年将坚持以打造“全国预制菜之都”和“全国预制菜产业高质量发展样板”为目标，到2025年，争取引进、培育预制菜上市企业超过2家，培育预制菜国内知名品牌企业超过20家。成功建设预制菜产业园核心区，实现构建预制菜“原材料+生产加工+冷链物流+贸易销售+品牌推广+科技研发”的创新产业园生态圈。打造人才培育、电商直播、交易营销、进出口贸易、数据发布、产品设计等功能集聚区，预制菜产业创新效应进一步集聚、核心竞争力显著增强、品牌效应更加凸显、规范化养殖效果更加显著，联农带农方式、成果更佳，农民增收致富，实现生态惠民、产业富民。

为实现既定发展目标，顺德厉兵秣马，将在以下五个方面重点发力：

一是健全做强全产业链，推动产业集聚发展。顺德将全力做优预制菜产业园，强化全产业链一体化建设；培育壮大预制菜企业，积极引进优质企业，同步开展预制菜优质企业梯次培育行动；建设产业技术创新平台，让技术、成果通过多种平台向企业流动；用金融撬动企业发展，充分调动社会资本助力企业无忧发展；加强产销对接，打通预制菜“出海”堵点。

二是打造特色区域品牌，拓展产业营销多维市场。打造“寻味顺德预制菜”超级IP，进一步擦亮“世界美食之都”金字招牌；打造中国预制菜产业“第一展会”，深入推进“2+4+12”系列活动，不断提高大会专业性、覆盖面和影响力；做强美食文化推广，进一步推进预制菜产业消费升级。

三是聚焦提升育才力度，不断提供坚强人才支撑。培养预制菜产业专业人才队伍，加强产业人才交流，全面赋能预制菜产业人才提升与发展。

四是构建质量安全标准体系，助推产业标准化发展。加强预制菜全链条质量安全监管，多措并举消除预制菜产品安全风险隐患；推动预制菜标准体系建设，构建具有顺德特色的预制菜标准体系。

五是细化配套保障措施，激发产业发展动力。持续加强组织领导，持续强化财政支持，持续做好宣传引导等工作，讲好“顺德美食”故事，营造预制菜产业发展的良好社会环境。

抱团出海可提升全球竞争力

“如今预制菜出口供需两旺，关键是如何将供需两端连接起来，畅通预制菜出口之路。解决这个问题，顺德责无旁贷。”顺德区委常委吴楷钊说，顺德将致力打造预制菜出海高地，不仅让本地企业从顺德出海，也助力外地企业通过顺德平台走出去，为产业发展做出更大贡献。

与所有新生事物一样，虽然预制菜出口前景光明、市场广阔，但行进的道路上不可避免地会面临许多问题和困难，其中“溯源难”“标准不清”“成本高”等屡被企业提及。

根据我国《进出口食品安全管理办法》，出口食品生产企业应当建立完善可追溯的食品安全卫生控制体系，保证食品安全卫生控制体系有效运行；建立供应商评估制度、进货查验记录制度、生产记录档案制度等。

“其中建立出口食品溯源制度难度最大。不同于单一农产品出口，预制菜往往含有数种乃至十余种辅料或配料，其中不少配辅料生产厂商并未拥有出口资质，如果每种都要溯源，那么难度很大、成本也高。”广东懿嘉食品科技有限公司销售总监段其平说。

出口国众多，不同国家、地区进出口法律法规差异极大，也给预制菜出口造成困难。“一直以来，企业预制菜出口都在摸着石头过河。”蔡家韵说，“作为一个新生事物，预制菜出口到不同国家和地区，具体需要哪些资质、证件，有什么要求，该如何备案？目前仍然没有清晰统一的说法。”

此外，不少与会企业还提出，目前预制菜出口还存在冷链物流服务较少、国内预制菜海外推广品牌宣传不足、企业对海外市场不熟悉等问题。

由于目前预制菜企业以中小企业为主，要畅通预制菜出口之路，破解预制菜“出口难、成本高”等问题，抱团出海、联合行动是必行之路。

顺德区农业农村局相关负责人表示，针对企业提出的问题，接下来，顺德将通过当地预制菜产业发展联合会、广东预制菜出海产业联盟等，共同探索通过组织预制菜出口原材料集中采购、举办预制菜出口对接会培训会、组织预制菜企业外出参展、建立预制菜出口预检测中心、加大顺德预制菜海外宣传力度等方式，推动预制菜出口降本提质增效，进一步增强顺德预制菜企业的全球竞争力。

作为粤菜重要的发源地、中国厨师之乡，顺德美食形成了“五味周全、六艺领先、饮和食德、顺其自然”的鲜明特征，讲究食不厌精、脍不厌细，凸显食材最本真的鲜美滋味。顺德预制菜出海，将在全球进一步擦亮“顺德美食”的IP，并大大弘扬顺德精益求精、追求极致的深厚文化。

珠海：
联动港澳优势助预制菜产业高质量发展

作者 冯玉怡 来源 南方财经

当下，全国多城加入抢占预制菜市场的酣战。广东珠海另辟蹊径切入预制菜产业链新赛道，并迅速“出圈”。

2023年7月3—4日，首届预制菜装备产业大会在珠海召开，这是国内首场以预制菜装备为主题的大会。会上发布的“智造预制菜”装备企业TOP20、投资潜力TOP20、十大装备“神器”案例等多个重磅榜单，均有珠海企业的身影。

事实上，在2022年底，珠海就曾创造性提出“年鱼经济”，举办首届中国年鱼博览会，将原本并无太多附加值的“白蕉海鲈”的品牌价值和中国人的情感价值连接起来，成功孵化培育出“鱼界顶流”，并撬动海鲈全产业链总产值超百亿元，一跃成为全球最大的海鲈生产基地和最大的交易集散地。

从“年鱼经济”到“预制菜装备大会”再到“智造预制菜·新锐城市50强”，珠海凭借敏锐的市场眼光逐渐探索出一条“地标产品+装备制造+珠澳合作”的特色产业链，形成珠海特色的核心竞争模式，在全国众多城市的角逐中崭露头角。

“破圈”：首创“年鱼经济”

在白蕉临江片区的斗门区预制菜产业园内，南来北往的冷链运输车辆日夜穿梭，全国每10条海鲈，就有7条来自这里。

目前，该园区一期已建成水产品深加工厂房30万平方米以及近21万吨冷库容量，共有强竞供应链、诚丰优品等数十家预制菜企业入驻，已初步形成以酸菜鱼、海鲈烤鱼等水产加工为特色的新一代预制菜产业群。

2022年，中国国家地理标志性产品——白蕉海鲈迎来“高光时刻”。首届中国年鱼博览会在海鲈“故乡”珠海举行，展出的产品涵盖白蕉海鲈、顺德鳗鱼、海南罗非鱼、湛江金鲳鱼、潮州鮸鱼等全国鱼类特色产品，味鲜肉嫩的白蕉海鲈“先声夺人”火速“破圈”，成为大众春节餐桌前必不可少的美馔佳肴。

要在市场上打开局面，必须实施品牌化构建。为此，珠海积极布局海鲈预制菜，将本地优质的海鲈原材料转化为具有竞争力的海鲈预制菜产品，培育了“好渔阿聪”“海源鲈鱼”“鲜城故事”“祺海”“鲈鱼公馆”等多个省级海鲈预制菜品牌，产品畅销国内外。

海鲈菜品，也随着各种品牌变得更加多元。目前，珠海已开发了近百种海鲈预制菜品种，包括酸菜海鲈鱼、金汤酸菜鱼、藤椒海鲈鱼、烤制海鲈鱼、酒窖海鲈鱼、即食海鲈鱼等不同风味系列，年均销售额达7.2亿元。

此外，珠海还定期举办美食节、海鲈文化节、“白蕉海鲈杯”垂钓大赛等文化盛事，全方位塑造海鲈品牌文化。

在“年鱼经济”的加持下，白蕉海鲈“量价齐升”，越来越多珠海渔企选择跑步进入这片蓝海市场。珠海壹条鱼食品科技有限公司董事长陈小荣表示，自“首届中国年鱼博览会”结束以来，年鱼礼盒销量节节攀升。珠海市祺海水产科技有限公司总经理杨映辉也表示，“年鱼经济”帮助公司打开了营销思路，也打开了销路。

2022年，珠海成功创建了斗门区预制菜省级现代农业产业园，建设以海鲈综合加工生产基地、物流集散基地、企业技术中心等为核心的白蕉海鲈加工物流园区，有望打造珠三角最大的冷链物流基地，预计白蕉现代冷链物流园的冷库储存总量可达21.25万吨。

融合：装备智能化驱动产业升级

《粤港澳大湾区发展规划纲要》明确提出，以珠海、佛山为龙头，建设珠江西岸先进装备制造产业带。使命在肩，珠海率先提出以龙头骨干企业带动预制菜装备产业发展，一次史无前例的产业变革正在酝酿。

2022年，格力电器发起筹建广东省预制菜装备产业发展联合会，并成立了珠海格力预制菜装备科技发展有限公司（简称“格力预制菜装备公司”）。

广东省预制菜装备产业发展联合会理事长、格力电器董事长董明珠表示：“将预制菜产业和预制菜装备联合起来，以新型工业化赋能农业，将中国的美味佳肴送向世界，这就是我们的终极梦想。”

“在预制菜智能工厂内，一条工艺精简的生产流水线，一套根据生产特点实现精准控温的标准，一个物流仓储调度指挥中心，一套全生命周期追溯管理信息化体系，利用人工智能化操作就可实现全流程生产。”格力预制菜装备公司相关负责人，在首届预制菜装备产业大会上分享了“四个一”智能工厂建设规划思路。

“这正是制造业当家的价值所在。位于珠海斗门的预制菜产业园，也将会实现无人化配套。”董明珠认为，智能装备赋能能够提升农产品创造的价值，保障农民收入，进一步促进乡村振兴和农民富裕。以鱼加工智能工厂为例。目前，格力的鱼加工智能工厂可达到每天200吨的生产效率，仓储存储量可达8000吨，发货效率峰值可达每小时196吨。

装备技术赋能应用场景的科技“接力棒”，传到珠海集元水产科技有限公司（简称“集元水产”）。

该技术刚好切中集元水产对海鲈鱼全自动化加工的技术需求。集元水产总经理谢祖铭表示，未来将与珠海格力预制菜装备科技发展有限公司持续对接，完善海鲈鱼智能加工技术及工厂搭建。

珠海市优特智厨科技有限公司则选择从智慧烹饪厨电细分赛道切入，其2018年脱胎于优特科技集团，凭借智能炒菜机等数智化、标准化烹饪产品，让预制菜出品菜肴质量更加稳定，并解决口味差异大等问题。

珠海勇闯预制菜装备产业万亿元新赛道并非偶然，雄厚的工业基础为珠海发展预制菜装备的兴盛打下坚实的地基。

2023年第一季度，珠海工业投资增长67.1%，占投资的比重优化至36.1%；而装备制造业投资增长84.9%，占投资比重达21.6%，各项增速位列全省前茅。

要打造预制菜产业高地，必须强化协同效应，共筑品牌、共拓市场、共促发展，珠海正不遗余力地拉长产业半径，向全国预制菜企业发出邀请，画出最大同心圆。

前不久，珠海举办了全国首届预制菜装备产业大会，汇聚行业“政产学研用金”代表，纵论预制菜装备产业发展新趋势，为全国预制菜装备产业探标准、搭平台、聚资源，推动预制菜装备产业高质量发展。

珠海用超前眼光谋划了这场未来农业和智慧生产的产业盛会。正如广东省农业农村厅相关负责人所言：“有了装备技术的支持，消费者就能在美味与健康、便捷与安全之间兼得‘鱼与熊掌’。”

未来：联动港澳探路降本提质

珠海位处粤港澳大湾区腹地，是内地唯一与香港、澳门同时陆路相连的城市，其地理区位优越性不言而喻。

“交通物流便利，叠加‘港车北上’、‘澳车北上’、港珠澳大桥经贸新通道建设等，让物流、人流、资金流、信息流汇聚，珠海已成为港澳投资的沃土。”珠海市农业农村局副局长熊翔说。

在澳门餐饮行业协会会长李荫良看来，在珠海与澳门的互动中，珠澳同城的作用更为明显。珠海的优质农产品和渔业产品，可与澳门餐饮品牌相结合，实现优势互补。

珠三角作为“世界工厂”有着强大的工业制造能力，港澳在食品标准规范化和与全球市场对接方面具有明显优势。珠海身处其中，能够更好地整合多方优势，从而推动预制菜全产业链高质量发展。

珠海市领导接受南方财经全媒体记者采访时表示：“目前，全品类的鲜货食品可经过港珠澳大桥供应香港。通过港珠澳大桥，更多预制菜企业能够打通出口渠道，抢占海外市场。”

空间是产业发展基础，有空间才有未来。从产业空间载体来看，近3年，珠海市新增建设5.0预制菜产业新空间用地4000亩，首期规划2000亩。不仅如此，还对入驻5.0产业新空间的预制菜企业，给予了租金优惠。

2022年以来，珠海加快建设2000万平方米的5.0产业新空间，通过解决企业五大痛点，以低租金、高标准、规范化、配套全、运营优等优势，有效解决中小型科技企业快速成长过程当中遇到的难题。

聚焦预制菜产业融资，广东在出台“菜十条”政策时就明确提出，要创新金融信贷服务，大力发展预制菜产业供应链金融，支持金融机构为预制菜产业开发金融专项产品，切实降低企业融资难度和成本。

金融对预制菜装备产业的支撑，珠海也走在前列，在全省乃至全国范围内起到示范性带动作用。珠海有针对性地推出了预制菜企业贷款贴息及预制菜保险保费补贴方案，贷款贴息按LPR（贷款市场报价利率）的50％补贴，单个企业贷款贴息年度最高补贴200万元，企业购买保险费用按40％补贴，保费补贴封顶10万元。

此外，珠海通过利用设备按揭租赁、分期付款等金融政策，降低了企业一次性投入成本，并提供全流程全方位服务，着力推动产业标准化规模化发展。

有业内人士在考察珠海斗门预制菜产业园后表示，珠海的园区配套和金融政策令人印象深刻，一定程度上推动了预制菜企业的加速集聚，相信未来引入更多新业态模式、不断迭代升级装备技术，珠海完全有能力在新赛道新领域上抢占先机、引领发展。

肇庆：
高标准建设粤港澳大湾区（高要）预制菜产业园

作者 **温志勇 任桀熠** 来源 **《南方农村报》**

全球供菜，味在肇庆。2022年5月31日，肇庆振业水产冷冻有限公司举行预制菜RCEP国家（新加坡）发车仪式，将20吨预制菜鱼片推出仓库、装上物流运输货车，推向RCEP国家（新加坡），这是肇庆高要预制菜企业持续拓展RCEP市场的又一重要行动。

据行业初步统计，目前肇庆市现有预制菜企业44家，涵盖畜禽、水产、粮食、蔬菜等农产品深加工生产，主要产品有裹蒸、团餐菜品、大盆菜、佛跳墙、酸菜鱼、免浆鱼片、烤鱼、杏花鸡和肉鸽盐焗系列产品、凉菜、即食面、罐头、腊肠腊肉、佐餐酱菜、半成品盒饭套餐、汤类、净菜等。2022年全市现有预制菜企业35家，实现营业收入30.81亿元，其中出口6.37亿元。

政企携手
全面开拓 RCEP 市场

活动现场，肇庆市高要区领导代表高要区委、区政府对肇庆市振业水产冷冻有限公司（简称“振业水产”）成功拓展RCEP市场表示热烈祝贺，并表示，振业水产迈向RCEP大市场，不仅是企业加快发展的大事、喜事，也是高要抢抓预制菜产业发展机遇、打造大湾区预制菜“第一园”的重要成果。高要区委、区政府将一如既往支持振业水产等优质企业，在土地供应、融资补贴、政策扶持、产品宣传、基础设施配套等方面给予更大保障，助力企业打造省级特色优质水产业品牌。同时，诚挚邀请广大客商莅临高要参观考察、投资兴业，在预制菜万亿蓝海中抢占先机、共创辉煌、实现双赢。

活动中，中国农业银行向振业水产颁发了“跨境金融优质客户”牌匾，肇庆海关授予企业RCEP证书。

自2022年1月1日《区域全面经济伙伴关系协定》正式生效实施以来，中国正式迈入RCEP时代，也标志着区域经贸合作步上新的台阶。高要作为广东省预制菜产业洼地，正乘着RCEP利好契机，持续发力建设粤港澳大湾区（肇庆高要）预制菜产业园“第一园”，助推肇庆预制菜飘香全世界。

联农带农
提速预制菜产业发展

深耕肇庆17年的振业水产，一直坚持联农助农带农，通过“公司+合作社+农户”的发展模式，2022年实现营收3.6亿元，同比增长50％以上。2023年，振业水产将投资建设新的预制菜生产线，拓宽预制菜产品深加工品种。

“发展预制菜产业是广东省在RCEP背景下拥抱国际市场、推动乡村振兴的重要抓手。”振业水产董事长兼总经理韩金良表示，振业水产跟RCEP成员国，比如新加坡、马来西亚、澳大利亚等国家，已经建立起了长期稳定的合作关系，每个月发出超过100吨的预制菜到RCEP成员国，标志着企业向国际市场又迈出了更加坚实的一步。振业水产将牢牢抓住这一重大发展机遇，坚持联农助农带农，深挖肇庆特色农产品潜能，提高预制菜加工技能，进一步做大做强产业规模，迅速抢占国内外市场份额。“2023年我们有信心实现营收4.5亿元，增长达到25％。”

据了解，振业水产已累计总投资1.15亿元，建成并投产淡水及咸水水产品标准化加工出口工厂，日加工水产品原料规模达100吨。

真抓实干
持续发力湾区“第一园”

“要推动农村一二三产业深度融合，大力发展预制菜等农产品精深加工，培育壮大乡村旅游、都市农业、数字农业等新业态。”广东省第十三次党代会报告中，预制菜被首次“点名”，这充分体现了广东省委、省政府对预制菜产业的高度重视和大力支持，对于促进预制菜产业加快发展具有重要意义。

近年来，肇庆市委、市政府高度重视预制菜产业发展，把发展预制菜产业作为促进三产融合、推动乡村振兴的重要抓手，写入了市第十三次党代会报告和2023年政府工作报告，并进行部署，建立肇庆市预制菜产业高质量发展联席会议制度，加快建设预制菜产业集群，打造预制菜产业高地。

当前，肇庆高要正举全区之力高标准建设粤港澳大湾区（高要）预制菜产业园，并成功引进国内肉类进口头部企业——山东新协航集团首期投资15亿元、计划总投资55亿元建设大湾区冷链物流和预制菜加工基地。大湾区（高要）预制菜RCEP数字谷（预制菜产业园综合服务中心）已完成封顶建设，大湾区水产品暨预制菜原材料交易中心项目也已正式运营。

未来，肇庆将为广大预制菜企业搭建起面向国内外市场的广阔平台，通过不断提供新的渠道、创造新的机遇，全面打响肇庆预制菜名优品牌，聚力炒好“肇庆一桌菜”。

潮州：最好的中华料理值得更多青睐

记者 喻淑琴 丁莉 来源 南方财经

俗话说："到广不到潮，枉费走一遭。"

被誉为"最好的中华料理"的潮州菜，在预制菜产业发展强劲东风下，涌现出万佳、廷宴、真美、佬味到等一批代表性本土企业，同时通过产销融合、文旅融合、数智融合、内外融合等多个圈层融合"组合拳"，打造生产、销售、冷链、包装、装备等预制菜产业生态圈，进一步释放了潮菜的溢出价值和潮州美食的"网红"气质。

在业界看来，预制菜发展重点不在于数量，而是通过流程再造重塑产业链，融合二三产业，提升品质，打响品牌。其核心不是做加法，而是做乘法。潮菜正好可以借预制经济，抢占制高点，开创新时代。

预制菜产业如何进行技术升级与创新？如何在日趋激烈的竞争中打造独特的精神内核和品牌IP？如何串联人流、物流、信息流、科技流，加快形成辐射海内外的预制菜产业群？如何结合"百千万工程"，释放产业协同"乘数效应"，走出乡村特色产业发展新路？

在潮州，我们找到了答案。潮州在预制菜方面的融合探索，不仅找到了撬动发展"最好的中华料理"的支点，而且生动诠释了在资金匮乏、产业弱势的粤东西北，如何用有限资源创造出三产融合的庞大价值体系，打造出一个发展预制菜产业的"潮州样本"，为高质量发展增添全新动力。

产销融合

六大美食版图拼出完整潮味

打开电商平台，在搜索框上输入"卤制狮头鹅"，从点击购买到货品上门，足不出户便可享受潮州地道美味。

作为广东预制菜头部企业，海润食品承建"中国国际预制菜白云体验中心"，还建立线上线下销售终端矩阵，进行网络品牌孵化和直播电商销售，发展势头如火如荼。依托"预制菜+互联网"模式，牛肉丸、老香黄、广式凉果、盐焗鸡、烤鳗等越来越多的潮州特色美食形成一股潮菜热，正席卷全国。

数据显示，2022年京东潮州预制菜销售额同比增长33％；分菜品来看，卤鹅和牛肉丸销量分别增长98％和92％，菜脯销量更是猛增超两倍。此外，潮州预制菜受众群体早已不再局限于本地，北京、河北赫然位居2022年潮州预制菜消费成交额前五席，而在成交额前十的城市中，广东省外城市占据半壁江山。

为进一步迎合消费潮流，传统潮菜还加速铺设创新赛道。在潮州市湘桥区连祥食品厂，薄薄一块肉片经酱料腌制、炭炉烘烤等流程，成为年轻人喜闻乐见的肉脯零食。除了肉脯，连祥食品厂还将腊肠、咸肉等潮味源源不断推向市场。

如果说抓住市场这只“看不见的手”是前提，那结合互联网营销策略便是如虎添翼。凭借着湘子桥灯光秀“火出圈”的潮州，深刻体会到互联网营销给城市带来的高光。

当前，潮州正着力开发节庆系列预制菜，掀起持续不断的预制菜销售热潮。潮州还将以潮州菜中央厨房产业联盟为依托，组织预制菜产品、食品包装和相关企业走进销区，在粤港澳大湾区城市和北京、上海等国内一线城市以及国外市场，举办潮州预制菜产品和品牌推介活动，组织开展“互联网+”，探索云端展销模式，举办线上潮州预制菜交易会，拓展市场营销网络。

一部《狂飙》带火了江门，一顿烧烤推热了淄博……抓住互联网时代的特殊记忆点，是乘势而上打开新销路、促进新消费的有效途径。潮菜在预制风口下再度迎来了新的发展契机。

“五一”假日期间，潮州全市接待游客近225万人次，旅游收入超12亿元，同比分别增长98％和101％，潮菜正推动潮州跻身世界文旅体验目的地。

好风凭借力，潮州预制模式正不断迭代升级，并吸引圈外企业跨界而来。深耕上海30年的明园集团董事局主席李松坚，便带着北上创业的资源、思想、人才，在潮州布局预制菜，打造高端品牌廷宴潮菜中央厨房。

依托潮州文旅禀赋，潮州市廷宴潮菜中央厨房推出“百城千店”连锁加盟模式，开启预制菜销售新场景，“露营+廷宴卤味”受到广泛关注。露营期间，卤汁浓郁的鸽子肉，仅需简单加热便可食用。

在区域品牌打造上，潮州按照地域划分，基于一个个特色农业单品组建的六大美食版图，各有特色却又彼此联系，构成一个完整的产业图谱，拼出完整潮味，彰显了潮州发展预制菜的决心和信心。

这六大美食版图，包括以汫洲镇等沿海镇为主的饶平水产预制菜集聚区，以钱东镇为主的盐焗鸡系列休闲产品集聚区，以江东镇、官塘镇等为主的牛肉制品集聚区，以东凤镇、浮山镇、磷溪镇等为主的狮头鹅卤制品集聚区，以东凤镇为主的芡实制品集聚区和以凤泉湖高新区等为主的廷宴中央厨房预制菜集聚区。

数智融合

现代科技为新兴产业“造血”

“我们家的卤鹅肉质Q弹，一口下去，从皮到肉满是卤汁；一盒肉配一袋卤汁，野餐露营携带都很方便，浇上卤汁、开袋即食……”在潮州“佬味到”抖音直播间里，主播和观众聊得热火朝天，浓油赤酱的潮州卤鹅牢牢占据“C位”，浓郁鲜香几乎溢出屏幕。

“佬味到”负责人沈建邦，一个返乡创业的“90后”青年，原来在大城市工作，后调转赛道，回到潮州研究卤鹅制法。凭借先前工作积累下的物流渠道与人际网络，沈建邦打出了一片新天地，让潮州卤鹅依靠成熟的物流布局“飞”进消费者手中。

作为一名常年与数据打交道的年轻人，他明白，根据市场数据反馈的消费需求不断调整生产，才能持续赢得消费者青睐。“佬味到”正是依托数智化，根据后台数据和实时评论进行分析，不断优化服务，调整生产配方以贴合市场口味，复购率达到40％。

事实证明，潮菜走俏神州，背后离不开数智化支撑。专家也认为，在生产过程中融合大数据信息，才能具备更强的洞察发现力和流程优化能力，从而构筑护城河，打造更核心的竞争力。

潮州优选家总经理陈瑞鑫表示，数智化是产业发展必经之路。用数据指导生产，才能精准把控产品迭代趋势，将潮州味道推向更广阔的市场和群体。

廷宴便是案例。通过对从田头到餐桌的全过程数智化监管，廷宴能对预制菜生产进行实时溯源，还原行业场景，实现对“时”与“鲜”的严格把关。

廷宴央厨首开中央厨房预制菜先河，成立国内首家“潮菜中央厨房技术研究院”。“在此基础上，廷宴引进了全数字自动化和高等级无尘生产线，健全了潮菜原料的种子基因库和菜谱数据库，构建了原料筛选系统可操作平台。”廷宴央厨相关负责人在接受记者采访时表示。

此外，廷宴还布局占地面积近60亩的现代化预制菜产业园，引进一系列自动化、智能化、信息化的高科技设备生产线，开创了自主养殖和研发、生产、销售、配送、服务一条龙的央厨产业链模式。

《潮州预制菜产业高质量发展三年规划》（简称《规划》）频频提及通过“数智化”为产业“造血”。《规划》提出，建设预制菜产业数字化服务平台，以“美食如潮”理念，分析研究市场消费偏好与趋势，打造一批特色菜品，通过数智化分析为潮州预制菜全面进军市场做好准备。

从一道传统菜肴，到不失风味与营养的工业品，需要现代科技“打底”，原材料供应、设备支撑、科研助力缺一不可。巧的是，这些潮州都不缺。

目前，相关科研机构和龙头企业先后将其“产学研据点”落户潮州，潮州预制菜“智脑”研究提速。仲恺农业工程学院的“农业农村部岭南特色食品绿色加工与智能制造重点实验室分中心”为潮菜预制菜的研发与标准化注入发展新动能，推进预制菜营养与美味并存。

于2022年成立的潮州菜中央厨房产业联盟，国企、高校、科研院所、金融机构和行业协会等均参与其中。联盟的多元力量格局，恰恰透视着潮州预制菜正打造集加工、包装、装备、物流、营销等于一体的完整产业生态圈。

潮州预制菜的“数智思维”，与广东省的“数字三品”行动不谋而合。目前，广东已提出推动消费品工业企业在研发设计、生产制造、仓储物流、销售服务等环节形成数据闭环，并加强数据挖掘反哺业务全流程。

在万亿元预制菜风口和数智化布局下，资本闻风而动。

2022年，首家潮汕预制菜产业投资机构“新潮味创投”在广州成立。新潮味创投创始人、曾获评“中国IPO最佳保荐代表人”的陈家茂表示，希望通过投资整合上下游，成功运作出一个千亿市值的预制潮菜企业。资本入局后，以往作坊式的生产模式也在改变，真美、万佳等一批本土龙头企业正加速涌现、做大做强。

圈层融合

标准力撑“建圈强链”

曾经，潮州味道以势不可当之力“攻城拔寨”，单单一颗牛肉丸便在本地衍生出超3000家企业，创造了百亿元产值。

清汤牛肉火锅配上芝麻酱，是独特的潮州味道。这个因牛肉火锅店闻名的地区，每天消耗着十余万公斤牛肉。仅2023年前3个月，便向全国大中小城市新“输出”了1万多家新门店。

然而，这项大单品却难以助力企业打造大品牌，难以成为企业打开销售额的法宝。再加上潮菜工序较复杂，进一步抬高了推广门槛，使潮州一批小吃、小菜、酱碟难以在短时间内被大量复刻。

如何推动潮菜走出潮州、走向世界，将现有禀赋资源变现为滚滚财源？一头连着田间塘头，一头连着万家餐桌的预制菜，无疑是最佳选择。

“其实，潮菜本身便携带浓厚的预制菜基因。”陈家茂表示，潮汕卤味、芡实等属于预制菜中的即热食品，橄榄菜、菜脯等可划分进即食食品，而早已家喻户晓的牛肉丸等火锅食材，则被囊括在即烹食品范畴里。

潮州市潮州菜文化研究会会长陈文标也认为，在保护传统潮菜文化基础上顺应时代潮流，根据标准工艺还原菜品，能让潮州美食更有生命力，潮州菜的金字招牌也会更加响亮。

从政府层面，在标准打造上，潮州不遗余力，积极推进标准体系建设，全产业链锻造“标准”潮州预制菜，助力潮菜“火出圈”。

目前，500多道潮州菜中，已有232个潮州菜推出了团体标准。接下来，潮州还将分阶段制定《潮州预制菜分类》《潮州预制菜冷链配送操作规范》《潮州预制菜中央工厂建设指南》等标准和规范，逐步为预制菜绘制出从田头到餐桌的一整条标准路线。

一只狮头鹅要走上餐桌需历经宰杀、卤制、分割、切片、包装等诸多流程，哪怕是一颗小小的牛肉丸，在面世之前也需走过剔筋去汁、绞肉、打浆、挤丸、文火水煮定型、降温冷却、分拣包装等一系列繁复棘手的工序。

目前，一批自动化装备已先后搬入生产车间。在牛肉丸生产线，自动化设备高速运转，产品加工环节有条不紊，工人们穿梭在各种机械设备中，紧张有序地操作数控加工设备。新鲜牛肉被投入绞肉机中持续翻滚，不多久便呈绵密状，随后历经摊、揉、捶、打、成型、塑封等各个环节，最终包装出品。

探索标准，聚焦“建圈强链”，构建现代产业体系，是铸造潮州预制菜高质量发展的必由路径。

如今，潮州预制菜标准化逐步推进，搭配发达的线上线下物流体系，其受众群体早已不再局限于本地。

当地知名企业真美食品的董事长庄沛锐，对食品标准的打造近乎执着，并身体力行推进牛肉丸等标准体系建设。“我们以设备模仿传统手锤工艺，全程控温在6℃左右，并严格遵守‘潮州牛肉丸’标准，牛肉丸超80％的牛肉含量，不含其他动物源原料。”他表示，只有规范行业标准，制定好产品等级分类规则，才能更好地开发市场、引导消费，同时掌控产品质量安全。

在龙头企业带动下，一批预制菜产业园拔地而起，为生态链发展提供了一个个集群化载体。依照规划，潮州饶平县预制菜产业园将建成水产预制菜战略发展核心区、高端技术装备集成区和潮汕休闲农旅融合与乡村兴旺样板区，其计划总投资2.3亿元，力争至2024年实现产业园主导产业综合产值超过50亿元。

一座产业园就是一个微缩版预制菜产业生态圈，多元主体参与下，一条鱼能够牵引出从农到工再到消费的价值链条。这一点，在数据上表现得更为直观。2021年，饶平全县水产预制菜综合产值已达50亿元，具体到在产业园内，三次产业产值分别达12.08亿元、27.4亿元和1.51亿元，二三产业合计占比超过70％。

随着业务链条的延伸和产业规模的扩张，这个生态圈内将囊括更多就业岗位，成为推进“百县千镇万村”，带动乡镇产业升级和村民增收的重要途径。与此同时，预制菜的发展也加强了潮菜品牌构建，可塑造出强势的地区产业名片。

内外融合
潮州美食走出“国际范儿”

走进“中国海鲵之乡”潮州市饶平县，全国每10条鲵鱼中，便有7条祖籍在饶平。

沿136公里海岸线而行，饶平现代化浮动式海水网箱星罗棋布。280亩的万佳养殖基地海面在阳光下闪着粼粼波光。手法娴熟的捕鱼师傅，收网、分拣、装筐，一条空船很快满载而归。一条鲵鱼从万佳自有码头上岸后，在不到一个半小时内，就能在临海而建的工厂里摇身一变，成为一道美味菜肴，并输送到海外。

在竞争日趋白热化的当下，广东预制菜企业以“奔跑兔”的态势出海掘金，拓宽预制菜海外朋友圈。潮菜也不例外。

向海而生的潮州人自古便有“下南洋”的传统。如今，已有数千万潮州华人华侨散居全球。以乡味为感召，潮州预制菜奠定了雄厚的海外市场基础，出口前景十分广阔。

养殖捕捞、出口备案、生产加工、真空包装、海关申报、检验检疫、通关放心、出口运输、商城待售……一批批潮州预制菜正“整装待发”，销往世界各地。

“我们一直瞄准国际需求拓展海外市场。作为水产加工企业，我们看到了预制菜巨大的发展潜力。”饶平县万佳水产有限公司负责人郑镇雄表示，目前公司正开发系列高端预制菜产品，推出的深海酸菜鱼、剁椒海鲩鱼头、龙胆石斑鱼片等，已远销新加坡、马来西亚、韩国等地，在市场上取得了良好反响。

“韩国超七成活鱼从潮州市饶平县柘林湾进口。”饶平县巴拿巴水产有限公司总经理胡韩文介绍。饶平县巴拿巴水产有限公司自20世纪90年代初进行活鱼养殖，随后加入出口大军，依托素有“海上牧场”美誉的柘林湾，产品备受海外市场欢迎。

预制菜出海，道阻且长，保质保鲜是关键。

位于潮州的广东海润冷链物流有限公司已建成集冷链物流仓储、进出口贸易、电商产业园等于一体的综合体系，是粤东储量最大的冷冻仓储之一。同时，潮州还在推进广东供销（潮安）天业冷链物流产业园4万吨级综合冷库等的建设。

为进一步打通“出海关”，解决“远走他乡”路上的烦恼，潮州企业还另辟蹊径，在海外拓展生产线。万佳水产在产品出海基础上，试图将产业链推向海外。其依托发达高效的物流体系，在文莱投建海水网箱养殖基地，为潮州预制菜建立起包揽全球的供应体系。

多位业内人士认为，华人华侨是中国预制菜出海的第一块“跳板”。数据显示，中国是全世界海外侨民最多的国家，全球华人华侨约6000万，中餐门店有60多万家，庞大的消费力不容小觑。

目前，潮州正以链主之姿态，打造全球预制菜海内外产业链合作的新样本，让千年潮菜绽放于国际舞台。

江门台山：“国鳗”出海全球爱

来源 《南方都市报》

“北来要作尝鲜客，一段鳗鱼一段金。”一碗香气扑鼻的鳗鱼饭，应是很多老饕（讲究美食的人）的心头好。切成块状的鳗鱼整齐地铺在米饭上，淋满酱汁，再撒上白芝麻和海苔碎，鳗鱼总是以这样诱人的姿态被端上餐桌。然而，许多人只是吃，对鳗鱼知之甚少。我们见到的每一尾鳗鱼苗，都是从遥远的大洋深处，经过“万里长征”才来到中国附近海域，被养殖长大的。

“世界鳗业看中国，中国鳗业看广东，广东鳗业看台山。”作为珠江三角洲著名的“鱼米之乡”，台山拥有全国最大的鳗鱼养殖基地，养殖总面积约5万亩，年产量约50 408吨，占全国产量的20％，年产值约62亿元……亮眼数据的背后，是一条包括鳗鱼培育、鳗鱼养殖、鳗鱼加工、饲料生产等在内的成熟、完整的产业链。多年来，台山鳗鱼已成为全球鳗鱼产业链条的重要一环。从活鳗到蒲烧鳗鱼串、鳗鱼寿司等各式各样的烤鳗产品畅销海内外，远销日本、欧洲、北美等地，出口货值达14.6亿元。如今，乘着“百千万工程”的东风，这条“水中软黄金”正以全新的姿态，奋力游向世界餐桌。

深海远征，鱼界“顶流”台山安家

春末夏初，飞鸟翔集于沃野田间，连片的鱼塘在阳光照耀下碧波荡漾。从台山市主城区驱车约40分钟，记者来到了台山市久慎水产有限公司的养殖基地，这里有序分布着约4000亩鳗鱼养殖水塘。公司总经理徐爱宁略带自豪地说：“这里看到的只是三分之一，我们整个集团有12 000亩鳗鱼养殖基地，亩产量可达0.7—1.5吨。”

鳗鱼在台山俗称鳝、白鳝或风鳝等。在清光绪年间的《新宁县志》中已有“（鲈鳗）肉腻如脂、又若龙诞、炰制无所不可、味最佳”的记载。

鳗鱼因较高的售价被视为鱼界“顶流”。徐爱宁介绍称，鳗鱼价格居高不下的主要原因在于鳗鱼苗种的稀缺。“鳗鱼属于洄游性鱼类，在淡水中生长，但要回到大海产卵，所以鱼苗只存在于海洋中。目前还没有鳗鱼苗的人工孵化技术，国内的鳗鱼苗大多依靠长江、闽江、珠江流域的渔民在每年特定时间出海捕捞。”由于获得不易，鳗鱼苗的价格常随捕捞量的多少而起伏，如牙签般大小的鳗鱼苗最贵能卖到40多元一尾，这也是其得名“水中软黄金”的原因。

作为“世界上最纯净的鱼”之一，鳗鱼对水质要求极为挑剔。而台山夏无酷暑，冬无

台山鳗鱼养殖基地

严寒，雨量充沛，光照充足，水体、水质稳定，土壤酸碱度适宜，为鳗鱼养殖提供了优良的生态条件。这里出产的鳗鱼体形细长，表皮无鳞，腹白背蓝，富含高钙高蛋白，在业界享有“蓝色生态鳗”的美誉。

正是看中台山得天独厚的自然环境和丰富的养殖资源，自1993年起，大批鳗鱼养殖企业纷纷落户于此，台山市绿盛食品有限公司便是其中之一。有关负责人告诉记者，早前鳗鱼产业大多分布在广东顺德以及江苏、福建等鳗鱼苗捕捞地，后因工业潮兴起、城市快速扩展，鳗鱼养殖产业逐渐转移到了台山，“台山气候宜人，一年四季基本没有休眠期。天气暖和时，鳗鱼一天吃两餐，冬天一天吃一餐，吃得多，长得也快”。

据了解，常见的鳗鱼品种包括日本鳗、美洲鳗、欧洲鳗等，其中日本鳗因其更为细腻的肉质和鲜美的口感深受市场青睐，而台山养殖的鳗鱼品种多为日本鳗。

台山鳗鱼能够迅速“出圈”还得益于优质饲料的加持。“鳗鱼属于中高端经济鱼类，一尾鱼苗均价二三十元，若饲料中掺杂了劣质或者变质鱼粉导致鳗鱼患病，那损失就大了。因此，养殖场对其饲料的安全性、稳定性、营养均衡度等均有很高要求。”广东福马饲料有限公司负责人叶松青介绍称，该公司鳗鲡配合饲料的主要原料选用从美国、俄罗斯、秘鲁等国家进口的高端鱼粉，营养价值高、适口性好，该公司还组建了自主研发团队，具有自主知识产权的鳗鲡配合饲料等多项技术填补了国内外技术空白，打破了日本、韩国等国家的技术垄断。

目前，台山鳗鱼养殖场遍布斗山、端芬、广海、冲蒌等10个镇，养殖总面积达5万亩，约占台山淡水养殖面积的30％。一条涵盖鳗鱼培育、饲料加工、鳗鱼养殖、鳗鱼出口和烤鳗加工的完整产业链已然形成。

接轨国际，台山鳗鱼游向更远

经受市场冲击，台山用独特“打法”提升鳗鱼品质，保持出口优势。

日本是世界上消费鳗鱼最多的国家，但其国内产量远远满足不了市场需要，每年需从国外进口大量鳗鱼，台山便是其主要的鳗鱼进口地之一。这对于台山鳗鱼从业者来说，有喜亦有忧。由于销售渠道单一，产品销售大部分依赖日本市场，21世纪初鳗鱼产业经历的动荡至今让众多从业者难以忘怀。

“早些年，在巨大商机刺激下许多渔农开始养殖鳗鱼，在养殖过程中为防治鱼病，会在饲料中加入抗微生物类药。当时大家对农药使用没有过多讲究，更多关心的是产量问题。自2003年起，日本突然开始提高药物残留检测标准，给国内鳗鱼行业带来了不小冲击。”台山市绿盛食品有限公司工厂负责人记得很清楚，那一年业内没有几家工厂产品通过检验，许多工厂被迫停掉了几个月的订单。“之后，职能部门对工厂逐个进行检验，考核一家恢复一家。当时，全国大概有四五十家鳗鱼工厂，广东仅恢复了6家，福建2家。”

2006年，再起风云。日本施行《食品残留农业化学品肯定列表制度》（简称“肯定列表制度”），其中对鳗鱼产品的药物残留限量检测标准由原来的25项增加到了116项。在徐爱宁看来，外部对于国内鳗鱼市场的高要求并不是坏事，反而倒逼行业走向更加规范和健康。

如何让鳗鱼产业质量管理与检验检疫标准、国际标准接轨？怎样提高产业抗风险韧性，在时代浪潮中站稳脚跟？在重重壁垒面前，如何打响“台山鳗鱼”品牌？这些都成为当时地方党委、政府着重思考的问题。

经过多年摸索，台山市总结出了一套“打法”。首先就是规范鳗鱼养殖。2009年，台山

烤鳗生产

市制定了《台山鳗鱼养殖技术规范》，推行“龙头企业+农户”生产模式，龙头企业为养殖户提供鳗苗，养殖过程中提供技术指导，规范养殖行为，确保出产鳗鱼达到企业收购标准，从而实现鳗鱼养殖标准化，从源头保障产品质量。2011年，台山鳗鱼养殖标准化示范区成功通过国家级Ⅰ类农业标准化示范区考核验收。此外，台山市不断提高技术装备水平，实现鳗鱼养殖智能生产和科学管理。目前，台山市共荣食品有限公司、台山市绿盛食品有限公司已建立产品自检中心，引进先进检测仪器，由专业检测技术人员把关，严防渔药残留、重金属超标，检测项目和标准对标欧美、日本、韩国等发达国家出口食品标准。

据介绍，一条鳗鱼想要“游”上餐桌，需要经过重重检测。活鳗出厂前须经过“四味”（水味、藻味、土味、药味）检测，不符合条件的不能进入加工线。此外，还要经过公司自检中心的上百项药残检测，层层把关，待到海关检验检疫环节才不会出错。“如果一个池塘的水放了1克违禁药，那这一池的鱼都会被评定为不合格。这种近乎严苛的检测标准，市面上卖的大部分鱼是没办法做到的。”徐爱宁介绍说。

经过合力攻坚，台山鳗鱼品质实现跃升。2011年，“台山鳗鱼”被评为国家地理标志保护产品；2012年，台山市出口鳗鱼质量安全示范区被评为国家级出口食品农产品质量安全示范区；2015年，“台山鳗鱼”被评为广东省名特优新农产品；2018年，台山市鳗鱼产业园入选省级现代农业产业园建设名单；2019年，“台山鳗鱼”入选“粤字号”名特优新农产品区域公用品牌百强榜，品牌价值高达141.6亿元，位列水产类第一名；2020年，“台山鳗鱼”被评为全国名特优新农产品；2021年，“台山鳗鱼”被评为广东省特色农产品优势区。

“国鳗”崛起，预制菜风靡海内外

近年，乘着国内预制菜产业发展热潮，台山当地外向型鳗鱼企业纷纷将利润增长点对准国内市场，陆续推出各类预制菜产品，让台山传统农业从“菜篮子”变身香飘万里的“菜盘子”。

南都记者在台山市绿盛食品有限公司的烤鳗加工厂看到，宰杀好的鳗鱼通过履带有序传入流水线，先烤鱼皮再烤鱼肉，等上完4次料汁，美味的烤鳗鱼便新鲜出炉。据介绍，当前台山烤鳗制品生产流程已标准化，工艺成熟，每一条需要经过剖杀、处理、烧烤、锁鲜、检测等工序才能完成。

“真空冷藏包装的蒲烧鳗鱼，打开后只需要微波加热2分钟，即可上桌，简单方便又美味，这样的预制菜风靡海内外市场。后期我们还会推出更多如熏鳗、冻生鳗鱼片、白烧鳗鱼、肝串等新品。”

2022年，广东省和江门市发布一系列措施，推进预制菜产业高质量发展，让企业跑出加速度。在台山，以广东远宏水产集团等为代表的养殖企业，正在一点点撕掉传统农业的标签，围绕鳗鱼升级打造养殖、加工、运输、销售“一条龙”的预制菜产业链。

作为台山鳗鱼龙头企业，远宏集团入选2022年胡润中国预制菜生产企业百强榜。2022年

11月，融通农业发展（广州）有限责任公司与广东远宏集团合资组建融农远宏（广东）有限责任公司，并签约投资广东台山鳗鱼产业园项目建设。据融通农业发展（广州）有限责任公司相关负责人李灿鹏介绍，该项目规划打造鳗鱼产业总部基地，构建完善以烤鳗及鳗鱼产品精深加工、冷链仓储、研发检测、博览交易等为重点的全产业链融合发展体系，将逐步建成全国最大鳗鱼精深加工基地、鳗鱼产品展示交易中心、鳗鱼旅游产业经济带。

“虽然台山鳗鱼在国际市场上取得了一定的品牌知名度，但在国内市场仍有较大挖掘空间。”台山市农业农村局相关负责人表示，“我们要以产业园为平台，补齐目前台山鳗鱼的短板，突出鳗鱼‘生产+加工+科技+营销（品牌）’的全产业链转型升级要求，打造成广东省优势特色产业发展引领区、珠三角地区一二三产业融合发展先导区。”

补链强链，让“国鳗”畅游世界

台山鳗鱼产业如何进一步高质量发展？台山市农业农村局相关负责人表示，台山将依托《台山市推进农业农村现代化“十四五”规划》，探索鳗鱼产业发展新模式、新方法，逐步实现“国鳗”享誉全国、游向世界。

产业提质，打造标准化养殖基地。台山将支持远宏集团、鳗鲡堂等龙头企业开展养殖池塘升级改造，打造鳗鱼数字化标准化养殖基地。同时，吸引省内外鳗鱼龙头企业进驻台山，扩大养殖面积。通过品牌认证、商标注册、标准管控等措施，有效保障台山鳗鱼品质和口碑。

补链延链，做强鳗鱼精深加工。台山将加快推动杨氏水产建成投产，优化提升采购交易、食材预制、仓储物流、科技研发的鳗鱼产业链。进一步开发烤鳗、盘龙鳝、鳗鱼药膳汤、鳗鱼火锅等不同品类预制菜，推动鳗鱼肽、鳗鱼钙、鳗鱼蛋白粉等生物制品研发。

内外兼修，积极开拓国内外市场。升级改造台山市鳗鱼现代农业产业园展厅，开展多样性鳗鱼文化交流活动。谋划创建台山鳗鱼国际采购交易中心，建设鳗鱼产业大数据平台，打造集产销对接、招商引资、贸易促进、品牌建设等功能于一体的采购中心，畅通国内外流通渠道。

湛江：“吴川烤鱼”畅销40多个国家和地区

记者 **麦思容** 通讯员 **杨明献** 来源 **《南方日报》 “南方+”客户端**

蒜香风味、菠萝风味、麻辣风味……“吴川烤鱼”口味丰富、肉质鲜美，随着市场不断扩大，订单量稳步增长，“吴川烤鱼”已成为国内外消费者餐桌上的“新宠”。

吴川淡水养殖历史悠久，在数万亩的水塘里，无数条肥美的罗非鱼正快活地游动着，为“吴川烤鱼”提供源源不断的优质、新鲜食材。近年来，吴川充分发挥资源禀赋，做好“江”“海”文章，以“吴川烤鱼”产业小切口，推动农业产业大发展。2022年吴川市罗非鱼产量超15万吨，年产值超12亿元，已成为中国南方罗非鱼主产区之一，是“吴川烤鱼”产业发展的重要保障。

为迎合更多人的口味，“吴川烤鱼”所选用的鱼种丰富多样，有罗非鱼、清江鱼、黑鱼、海鲈鱼等，其中罗非鱼居多，畅销北美、东亚、东南亚、日本等地的华侨聚集地。目前“吴川烤鱼”预制菜菜品已深度布局餐饮、流通、商超、电商等市场，产品畅销全球40多个国家和地区，为世界各地的华侨送去家乡味道。乘着预制菜万亿元级产业风口以及RCEP红利带来的外贸新动力，“吴川烤鱼”得以“火出圈”，市场形势持续向好。

规模再扩大
罗非鱼打了个“翻身仗”

吴川三面环江，一面靠海，河网纵横交错，淡、咸水资源丰富，淡水养殖面积5.69万亩，其中罗非鱼占比约82.4％。多年来，淡水养殖是吴川当地农户重要的经济来源，但由于养殖产业单一，水产品附加值低，罗非鱼市场价一直不高。

近年来，依托吴川烤鱼，罗非鱼迎来“翻身仗”，从塘头价3—5元/斤，经烤制加工后市场价能增加6—8倍。2021年11月4日，吴川市考察组到柳州市深入学习借鉴“柳州螺蛳粉”产业的先进做法和成功经验，研究提出加快“吴川烤鱼”产业发展的“5331”模式，即以规模化、标准化、生态化、数字化、品牌化“五化”为抓手，整合政府、企业、社会“三种资源”，制定“三年规划”，实现产业兴旺、农民增收、品牌打造等“一揽子目标”。

“罗非鱼的特点是刺少、肉多、鲜滑，很适合制作烤鱼，而刚好吴川盛产罗非鱼，在这样的资源优势下，吴川烤鱼应运而生。目前，吴川烤鱼预制菜产业园所生产的烤鱼主要选用罗非鱼。”中国水产龙头、吴川烤鱼领军企业国联水产有关负责人介绍，罗非鱼是目前水产预制菜的主要食材之一，通过制作成烤鱼，罗非鱼市场价增加了6—8倍，实现水产品从厨房食材到预制菜品工业化生产的转变。终端产品价格提升，整个行业价值不断提升，最终将惠及产业链各个环节。

产业园区是区域经济发展、产业调整和升级的重要空间聚集形式，也是经济发展的重要载体和强力引擎。为进一步推动“吴川烤鱼”在数字建设、队伍培育、市场拓展、品牌打造、产销对接等方面取得新的更大突破，近年来，吴川大力推进吴川烤鱼预制菜产业园建设。

目前，吴川烤鱼预制菜产业园建立了养殖、加工、科技、流通等关键环节的全产业链体系。产业园政府计划总投资16 479万元（不含企业投资部分），建设范围包括吴川市覃巴镇、黄坡镇、塘墢镇，总面积400.56平方千米，核心区位于覃巴镇。除了当前的国联水产、国美水产（国联水产全资子公司），还将有更多水产企业加入吴川烤鱼生产行列，“吴川烤鱼”产业持续扩大。

口味再升级

推陈出新坚持研发新品

随着“懒人经济”“宅经济”市场潜力的释放，吴川烤鱼预制菜因菜式丰富、口味良好、制作便捷等特点，自2021年8月国联水产全球首发的风味烤鱼上市后，成功打开B、C端市场，获得万千消费者的青睐，成为商超、电商以及流通等渠道的烤鱼第一品牌。

近日，记者走进国联水产看到，该公司还对麻辣风味、蒜香风味、青花椒风味烤鱼从口味到包装都进行了升级。“我们针对全球市场，根据消费者的反馈，对产品进行了升级，各个口味的味道会更加鲜明。比如麻辣风味的烤鱼，会比之前更麻更辣。”国联水产有关负责人介绍，这些升级过后的产品与新风味菠萝烤鱼一同亮相了湛江举办的2023中国国际水产博览会，并吸引了一拨又一拨国内外参展人员的围观、品尝，鲜美的口感、健康的品质再次赢得一拨消费者的喜爱。

从20世纪初的单一养殖产业到如今的深加工产业，随着一体化生产组织日臻完善，生产、加工、运输、仓储、销售等环节逐步配套，吴川淡水鱼产业实现华丽蝶变。

结构再优化

初步打响区域公用品牌

“我们已经设计并注册了‘吴川烤鱼’商标，正处于复审阶段。”吴川市农业农村局有关负责人表示。2023年1月18日，吴川举办了中国吴川烤鱼区域公用品牌发布会暨吴川烤鱼嘉年华活动，通过“吴川烤鱼”与“年鱼经济”新概念的结合打造系列营销活动，提升“吴川烤鱼”在国内外的知名度。

为打响“吴川烤鱼”区域公用品牌，近年来，吴川整合科研院校、行业协会等各方资源，健全行业规范、产品标准，优化升级产业结构，推进“吴川烤鱼”全产业链升级发展。

记者从吴川市农业农村局获悉，吴川将以企业为主体，发挥本地企业国联水产、国美水产两家龙头企业的示范带头作用，扶持吴川烤鱼中小微企业发展和打造优质产销集群，吸引更多投资商到吴川投资烤鱼产业，带动产业链上下游快速发展，让“吴川烤鱼”更好地走出广东、走向世界。

吴川还将持续加大“吴川烤鱼”品牌宣传力度，正在筹备通过多媒体渠道对吴川烤鱼全过程进行视频宣传；拟在吴川市内的大型户外广告牌进行“吴川烤鱼”的广告宣传；与负责机场广告投放的广告商沟通，准备在吴川机场醒目位置宣传推广“吴川烤鱼”。

作为水产大市，预制菜产业是新的发展风口，“吴川烤鱼”产业的发展与湛江大力发展海洋经济定位相契合。湛江也将借此机会，在广东省农产品“12221”市场体系的指导下，大力支持吴川发展烤鱼产业，鼓励引导吴川发挥本地特色优势，形成完整的生态型产业体系，开启乡村振兴绿色发展通道，助力“吴川烤鱼”走进千家万户、“游”上全球餐桌。

市场再开拓

收获日韩 100 吨订单

不管是人潮拥挤的北京地铁，还是繁华热闹的纽约街头，都曾出现“吴川烤鱼”的宣传推介。一条原本价格低廉的“土鱼”，逐渐市场化、国际化，为食客们带来饮食新体验。

在2023年3月28日“良之隆·2023第十一届中国食材电商节”上，吴川烤鱼新品一经推出，立刻赢得现场客户的热烈反馈，有数十家餐饮品牌当场签约合作。

“吴川烤鱼”在国外亦广受欢迎。2023年吴川烤鱼在波士顿等地参加了多场国际美食博览会，根据现场消费者的反馈，蒜香、菠萝、麻辣风味的烤鱼备受欢迎。目前“吴川烤鱼”已经深度布局国内外餐饮、流通、商超、电商等市场，遍及全球40多个国家和地区。

其中，在2022年新加坡举行的第10届亚洲水产海鲜展上，“吴川烤鱼”新产品菠萝烤鱼收获了来自日韩的100吨海外订单，澳洲和新西兰等市场也不断增长。作为“吴川烤鱼”龙头企业，国联水产花费大量的人力、物力拓展RCEP市场，研发的烤鱼在海外华人圈中大受欢迎。

“2023年，吴川烤鱼销量形势向好，订单持续增长，同比2022年一季度国内外总额，仅国内营销同比就增长30％，对于接下来的市场，我们非常有信心。”国联水产相关负责人介绍，吴川烤鱼不仅是2023年吴川大力打造的产业品牌，也是国联水产聚力打造的大单品、预制菜的主推产品，相信在多方发力下，吴川烤鱼会大卖。

未来，吴川将继续积极引导企业通过强大的供应链能力、研发实力和先进的生产加工技术、完善的销售网络，开拓更大的国内外市场，抢占烤鱼预制菜出海新机遇，共享预制菜市场红利。同时，以打造区域公用品牌为“吴川烤鱼”产业发展的新起点，进一步加大对“吴川烤鱼”产业发展的支持力度，不仅要养好鱼、烤好鱼、卖好鱼，还要将“吴川烤鱼”和乡村产业振兴紧密结合起来，以新菜品拓展联农带农范围，带动群众以鱼发展、以鱼致富。

汕头：
做好预制菜产业“侨”文章

记者 冯晓华 来源 《南方农村报》 《汕头日报》

汕头，是一个率先开放的经济特区，一座享誉全国的美食名城。促进预制菜产业发展，汕头既争先，也争“鲜”。

汕头市率先响应省政府号召出台汕头预制菜产业发展“市八招”，领先举办属于自己的预制菜博览会为“争先”；潮汕美食“鲜”字当头，加快创新研发预制菜品，保持美食的原汁原味为“争鲜”。

政策引领 市场推动
产业迈向高质量发展

2023年6月18日，首届汕头市预制菜美食博览会暨预制菜产业发展峰会举行，近60家汕头预制菜产业链相关企业参与展览，各种预制美食，香飘满巷。

2022年3月，广东省政府发布了《加快推进广东预制菜产业高质量发展十条措施》。2022年5月，汕头率先响应省政府的号召，出台了《汕头市加快推进潮汕菜预制菜产业发展工作措施》，加快建设在全省乃至全国有影响力的预制菜产业高地，推动汕头预制菜产业高质量发展走在全省前列。

为推动汕头预制菜产业高质量发展，加强汕头预制菜相关产业资源高度整合，2022年12月，汕头市预制菜产业联合会宣告成立，通过联动各大预制菜企业，形成强大的产业链合力，推动汕头市预制菜产业整体快速发展。据汕头市市场监管局数据显示，目前，汕头市从事食品生产的企业近2000家，从事预制菜生产、规模较大的企业有30多家，产业发展势头强劲。2023年龙湖区与金平区率先获批建设汕头市级的预制菜现代农业产业园，蓄力推动预制菜产业高质量发展。

活动现场，近60家汕头预制菜产业链相关企业参与展览，涵盖牛肉丸、老菜脯、橄榄菜、狮头鹅、粽球、各类粿品等经典的预制潮汕美食，另外还有佛跳墙、各式粿品、点心、无骨鸭掌等广受市场欢迎的预制菜品。

其中，汕头市老潮兴食品有限公司推出了粿品、水晶饺、粽球、肠粉等汕头特色小吃预制菜；汕头粤兴企业有限公司推出了欢乐虾枝、三角虾饺和太妃虾等“粤字号”品牌产品，以及冬阴功大虾汤粉、芝士海鲜烩意面等预制美食产品；广东熙望食品有限公司（物只卤鹅）作为狮头鹅特色农业代表品牌，在现场展出以特色卤鹅肉、卤水拼盘为代表的卤鹅预制菜，向消费者大力推介“色、香、味”俱佳的狮头鹅美食。

汕头市领导表示，汕头市坚定不移走“工业立市，产业强市”之路，着力打造潮汕预制菜产业，推动农村一二三产业融合发展，促进创业就业、消费升级和乡村振兴，首届汕头预制菜美食博览会暨预制菜产业发展峰会，是汕头市紧抓政策机遇、部署预制菜产业发展的体现。

为加强产业引导，强化政策扶持，把握市场机遇，活动还发布了涵盖《汕头市加快推进潮汕菜预制菜产业发展工作措施》《汕头预制菜品牌建设十大行动方案》《汕头市潮汕菜预制菜产业发展规划》及《加快推进汕头方便粉（粿条）产业化发展行动方案》等的汕头市预制菜产业一揽子行动，锚定打造“汕字号”预制菜产业高地的宏伟目标，积极作为推动预制菜高质量发展。

文旅融合　擦亮品牌
打造预制菜文化高地

食在广东，味在潮汕。除了“美食孤岛”的美誉，汕头还有“文化富矿”“百载商埠”“海滨邹鲁”等美誉。

据了解，汕头市拥有潮汕菜品种5000多个，“中华名小吃”60多种，餐饮食品类的非物质文化遗产38项，在预制菜产业发展和品牌打造方面有丰厚的美食和文化积淀。

2023年1月，汕头市镇邦美食街正式开街，每天吸引近2万名来自全国各地的游客和市民打卡。另外，汕头市组织开展镇邦非遗美食节、举行首届汕头潮汕牛肉节暨技能展示活动，进一步弘扬潮汕美食文化，促进文旅融合，打响汕头美食品牌。

以美食文化为媒，汕头市还致力打造预制菜品牌高地。自2021年实现出口零突破以来，澄海狮头鹅（卤鹅）预制菜陆续出口香港、泰国等地；来自汕头澄海的“物只卤鹅巨无霸卤鹅翅”“金涛鹅王丸”等狮头鹅预制菜品在广东省现代农业产业园百家手信评选活动中入选了“百家手信”与“最佳人气奖”。

2022年，汕头牛肉丸入选北京冬奥会餐饮食品；另一边，达濠鱼丸也成功入选为“亚青会”鱼/肉制品类官方产品，达濠鱼丸预制菜登上广州北京路步行街核心广告大屏和美国纽约时代广场交通枢纽屏等。

2023年3月，汕头市农业农村局携当地20余家预制菜企业、200多种预制菜美食，亮相首届中国国际（佛山）预制菜产业大会及第十二届广东现代农业博览会，加强汕头预制菜品牌曝光率，促进产业产销对接和招商贸易合作。

组团赴泰　加速出海
做好产业“侨”文章

此外，汕头市还将预制菜产业与“侨乡”优势紧密结合，做好预制菜产业的“侨”文章，让汕头预制菜走出国门。

2023年4月，澄海区率领狮头鹅产业协会一行，组团赴泰国推介狮头鹅，进一步推动预制菜产品“出海”，让远在异国他乡的潮汕人便捷地品尝到家乡的味道。在政策、科技、文化等系列要素的推动下，汕头的传统美食不断焕发出新活力。汕头市锚定预制菜产业高地发展目标，竞逐预制菜产业赛道，让汕头美食走出汕头，享誉世界。

7月，汕头市食品企业与泰国企业签订出口协议，牛肉丸、潮汕粿品、狮头鹅等汕头特色美食将被端上泰国餐桌，让华侨华人在居住国就能品尝记忆中家乡的味道。

此次东南亚之行，汕头市潮庭食品股份有限公司、汕头市老潮兴食品有限公司、汕头狮头鹅产业协会分别与泰国泰华进出口商会签订协议、泰国佳铭发贸易有限公司、泰国置地发展有限公司、泰国澄海同乡会签订出口合作协议，采购意向金额均达1亿元。在泰期间，相关企业还考察TCC集团旗下BigC超市，与采购商面对面交流洽谈，并签署协议，推动汕头特色美食产品走进泰国超市。

自2021年12月首次出口以来，汕头狮头鹅产业已与泰国、马来西亚等地实现常态化贸易往来。汕头特色美食产业与泰国的交流合作，必将进一步加强汕头与东南亚的经贸合作，助力汕头美食产业高质量发展，为做好新时代“侨”的文章增色添辉。

ENTERPRISE SAMPLE

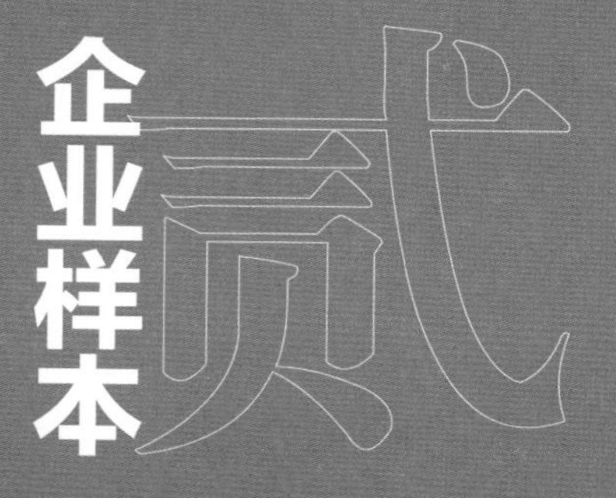

国联水产：
穿越重重关卡的跨洋一跃

记者 丁莉 来源 南方财经

随着预制菜风口的降临，国联水产又在拥抱新的机遇。数据显示，未来四年内，中国预制菜市场规模预计将再扩大超过一倍，增至10 720亿元；而在国际层面，中式餐饮市场将达到4000亿美元。紧盯这一市场，国联水产开发的风味鱼、小龙虾、快煮、火锅、裹粉、米面等预制菜系列已远销欧美、东亚、东南亚、大洋洲等地的40多个国家和地区，推动越来越多“中国味道”走出国门。

自成立之初便深耕水产及其加工品出口的国联水产，花费22年时间打通了这条出海路上的各道关卡，并搭建起从塘头到餐桌的全产业链。

水产预制菜畅销海外的关键，在于国联水产的全产业链把控和强大的研发能力。国联水产副总裁梁永振表示，依托大数据分析，国联水产能够精准把握市场趋向，有针对性地研发出独特新品，不断引领消费，“未来，我们将继续锐意创新，将更多‘中国味道’推出海外，培养一批忠诚的品牌用户”。

历时数月的“跨洋之旅”

在国联水产，一条鱼可以走完从塘头到餐桌的全生命周期，整个流程均可追溯。

首先，这条鱼将在遍布全球的养殖基地中遵循科学的方式养成。据了解，公司原料采购体系覆盖中国、南美、东南亚和中东等地；每条鱼在进入加工环节之前，均经历了严格的日常监管、塘头预检、捕捞配送监控、到厂抽检等，在丰富了公司产品谱系的同时，也保障了原料安全可控和稳定供应。

此外，公司还有相当体量的原料来自周边农户。依托广泛拓展的业务触角和敏锐的市场洞察力，国联水产能够将原本分散、抗风险能力差的农户整合在一起，并为后者提供科学的养殖指导和采购兜底，最终实现“工业反哺农业”。

随后，这些来自全球各地的优质鱼虾将被送上高度自动化的流水线，开始由农到工的跨越。梁永振介绍，原材料基地往往选定在工厂生产半径内，保证渔货能够在捕捞出水的1—2天内，即完成加工入库，“例如，湛江工厂主要面向两广、海南等地的原料，益阳工厂则主要加工来自两湖地区的小龙虾、清江鱼、牛蛙等”。

接下来，在短暂的入库储存后，这些整装待发的产品将按照订单经湛江海关发往海外。梁永振告诉南方财经全媒体记者，在原料验收、加工储运等环节的质量把控方面，公司已得到湛江海关专门团队的“一对一”帮扶，有力推动顺利通关。

在耗时1—2个星期的检疫通关后，产品便会踏上货轮甲板，并经历月余的海运跋涉后，最终上架各国餐饮和生鲜平台。长途运输自然离不开完善的冷链物流体系。对此，国联水产严格执行包装运输标准化流程，制定了装柜运输要求，确保上锁管理、全程打冷和温度监控，并与国际排名靠前的货柜物流承运商达成紧密合作。

“实际上，以国联水产为缩影，广东水产预制菜在国际市场优势极为突出。”梁永振解释，这一方面，得益于本地丰富优质的原料优势，广东水产品总产量及养殖产量均居全国首位；另一方面，广东水产品加工行业已经相当成熟，从先进的加工技术，到完善的加工链条，加工端已“万事俱备”且“恰逢东风”。

从“出海”到“洄游”

“数量庞大的华侨、华人以及中国留学生创造了旺盛的中餐需求，因而也将成为中式预制菜的忠实客户。”梁永振介绍，以“乡味”为感召，国联水产的产品往往率先进入华人集中的区域市场。

在长达22年深耕海外市场的过程中，国联水产已经将各环节关卡一一疏通，其市场版图也扩张至美国、加拿大、墨西哥、智利等40余个国家和地区。

在这个过程中，梁永振认为，最关键的一环在于标准的衔接。“不同国家的食品安全监管体系与法规差异巨大，对食品原辅料、添加剂和标签等要求各异。”他进一步解释，如何使产品符合相关指标，并同时做到不减风味，成为一项难题。

解题的过程并非一帆风顺，在其海外最大市场美国，国联水产便先后遭遇两次危机。基于严格符合标准的产品，以及对当地市场的充分调研，国联水产于2004年胜诉全球输美对虾反倾销，成为当时中国唯一一家输美零关税企业；三年后，企业再次突破了FDA“六月禁令”，成为中国第一批恢复对美出口的水产企业。

据了解，目前，国联水产已通过了HACCP（危害分析的临界控制点）、BRC（英国零售商协会）、BAP（由全球水产养殖联盟于2002年发布的覆盖整个上游下游产业链的认证标准）等高标准的国际认证，是全国仅有的两家同时获得BAP对虾及罗非鱼四星认证的企业之一。梁永振介绍，每新开拓一处市场，企业便会派出专业团队研究当地法规，并结合产品风味特性，不断改良生产工艺；此外，企业还拥有国家认可的CNAS实验室，以对产品进行严格反复测试，并推行“2211”电子化监管模式，使产销全流程可溯源。

此外，敏锐的商业嗅觉使国联水产总能及时抢抓风口。2022年1月1日凌晨，RCEP正式生效。当日，国联水产即拿到了深圳关口及湛江关口的001号报关单和001号原产地证书。3月，RCEP对马来西亚正式生效，国联水产再次拿下广东省出口马来西亚的001号单。

目前，RCEP市场已成为国联水产业务新增长点，相关国家销售额正快速增长，国联预制菜已出口至澳大利亚、马来西亚、新加坡、新西兰、柬埔寨等多个RCEP成员国，并实现对韩国、日本的预制菜出口“零”突破。

近年来，随着国内水产品消费能力崛起，特别是预制菜风口激发出更大的消费需求，国联水产又踏上了“出口转内销”之路。在B端市场，餐饮业日益呈现连锁化趋势，推动标准化、降本增效等需求高涨，以确保在门店扩张的过程中，菜品品质风味能够稳定呈现。对此，预制菜无疑成为最佳选择。

同时，在C端市场，年轻一代消费群体生活节奏日渐加快，烹饪习惯发生变化，再加上疫情几年的催化，消费者越来越青睐快捷营养的预制菜品。

在此背景下，为满足国内消费群体的多元口味，国联水产也在积极开发新菜品。据梁永振介绍，企业产品层次正不断丰富，其主打预制菜品也从最初偏西式的面包虾等，向鱼类、小龙虾、牛蛙等更突显传统中式餐饮特色的产品拓展。

“本土性”与“跨国性”的身份交织

放血、打鳞、开片修整、开背改刀、腌制滚揉、预炸、熬煮汤底、底料调制、组合调味、冻结、包装……小小一条烤鱼，也需要在流水线上走过如此庞杂的工序。

“实际上，不同预制菜的工艺参数差别可能迥异，每一款预制菜产品的工艺都是量身定做的，生产设备亦是专门定制。”梁永振表示。因此，日益丰富的产品谱系意味着庞大的工艺研发和装备添置成本，如何在扩大品类的同时控制成本，是摆在企业面前的第一个问题。

对此，国联水产坚持“以大单品为主，以小单品为辅”的开发原则。一方面，以烤鱼、小龙虾等系列产品为例，每个系列内的单品基本能够保持相对统一的生产流程，从而能够降低生产成本，实现规模化、集约化生产。另一方面，作为在大系列基础上衍生的“旁支”，蒜蓉粉丝虾等特色小单品则具备较强的区域性，对于服务特定区域市场、满足不同群体的差异性偏好意义显著。

与此同时，国联水产会对不同区域市场消费特色进行调研，并在此基础上对产品进行适地化改良。以烤鱼为例，2021年8月，国联水产瞄准东南亚市场，率先推出了一款冬阴功风味烤鱼，随后又根据不同地区消费特色，相继增加了麻辣、青花椒、蒜蓉、酸甜菠萝等风味烤鱼，从而快速覆盖不同海外市场。

将厨房搬上流水线、用机器代替掌勺大厨也并非一蹴而就，在实现高度自动化的同时保证菜品对味道的还原度，是国联水产面临的第二个问题。“比如，蔬菜的保色、风味口感的保持等均构成挑战。”梁永振告诉南方财经全媒体记者。

为解决这一问题，国联水产采用了天然发酵物去腥、液氮速冻、真空慢煮等一系列食品技术。例如，液氮速冻能够在−196°C的低温环境下实现秒冻锁鲜，冻结时间缩短为一般方法的三四十分之一；真空慢煮则可以改善食物口感，隔绝空气中的细菌，最大限度地还原食物的色、香、味。

恒兴：两年时间闯出一条黑鱼“出海路”

记者 丁莉 来源 南方财经

二十余辆运鱼车鱼贯涌入位于广东肇庆的恒兴工厂，车厢满载着新鲜出水的渔货，遍身蛇斑纹的黑鱼被倾倒上智能流水线，经过宰杀、去鳞、清洗、修整、切片、免浆、包装等十几道工序，再搭配上菜包和汤包，一条鲜蹦活跳的鱼转眼便成为一道即烹美食。像这样均重约3斤的黑鱼，恒兴集团肇庆工厂每天能处理上百吨。

高效运转的流水线不知疲惫地消化着从珠三角各地采集的鲜活渔货，再将成品卖向全球各地的餐饮门店和C端消费者。仅酸菜鱼和免浆黑鱼片，恒兴年销售额便超过5亿元。

事实上，酸菜鱼只是恒兴“招牌菜”之一。恒兴水产食品事业部研发中心总监陈升介绍：“从2017年至今，我们的预制菜产品大致走过三个阶段，从最初的白灼虾，到以酸菜鱼和松鼠鲷鱼为主打，再到目前热卖的一夜埕金鲳鱼。”从横向来看，其预制菜产品品类齐全，围绕“六鱼二虾”布局八大菜系风味，五年间推出单品超过200款；而从纵向来看，恒兴以种苗繁育起家，逐步开拓出囊括饲料、养殖、动保、食品等在内的商业版图，搭建起一条鱼从塘头到餐桌的全产业链条。

每一环节皆有源可溯，满足国际贸易标准

每天清晨，运鱼车从肇庆、佛山、中山、珠海等地的养殖基地出发，将新鲜出水的黑鱼迅速送往恒兴肇庆工厂。工厂来料即开工，黑鱼从捕捞出水到加工处理的“后半生”被浓缩成短短几个小时，最大限度地“锁”住了食材的营养与鲜活性。

这一高效性得益于加工与养殖的近地化布局。恒兴各工厂分工与养殖格局有着密切关联。肇庆工厂主攻黑鱼相关产品，这是由于其背靠的珠三角是全国最大的黑鱼产地，产量约占全国80％。同时，全产业链也确保了生产的可控性，使每一环节层层嵌套、高效配合。

作为预制菜领域的头部玩家，恒兴开发出的诸多菜品在C端市场成为爆款，却鲜有消费者了解，这家明星企业最早其实是凭借种苗和饲料起步。

随着中国连锁餐饮的蓬勃发展，行业对于标准化的要求日渐提升，而诞生于工业流水线上的预制菜无疑成为绝佳的解题思路。注意到这一机遇，恒兴主动出击布局B端市场，将业务触手延伸至预制菜领域，向水产精深加工进发。

以恒兴肇庆工厂为例，8000多平方米的生产车间配套2500吨的冷库储存能力，每日可处理百余吨黑鱼，自2019年向预制菜制造转型以来，其销售额从1亿多元增长至约5亿元。肇庆

恒兴预制菜产品

恒兴水产科技有限公司总经理黎秋光透露，随着二期车间于2023年下半年投产，在免浆黑鱼片基础上，工厂还将增设罗氏虾等产线，年销售额预计达到10亿元。

类似的水产食品及预制菜加工厂，恒兴在全国共有5座，即配、即烹、即热、即食四大品类年产能超过20万吨，年产值超过20亿元。“纵向来看，除饲料生产、种苗繁育、食品加工外，恒兴搭建的产业链条囊括水产养殖、动保服务、数字渔业、市场销售等多个环节。”在黎秋光看来，全产业链在提升产品附加值的同时，还进一步激发恒兴农业龙头企业的带动作用，提升了产业的抗风险能力。

尤其在产业链上游，除20万亩的自有养殖基地，恒兴还采取“公司+基地+农户+标准+服务”的模式，为养殖户提供技术支持和水产品检测服务，并统一收购和销售项目区的水产品，实现了水产产业化发展和农户增收致富。黎秋光表示，目前仅黑鱼养殖，参与农户便有五六千户，每户每年亩均增收几百元。

此外，全产业链条让一条鱼在恒兴的“眼皮”底下走完整个生命周期，使每一环节皆有源可溯、安全可控，产品品质因而更能满足国际贸易标准。

据了解，国际贸易中繁杂的技术标准和卫生检疫标准成为企业出海的一大难关，食品领域尤其如此。而恒兴先后通过了美国HACCP验证、欧盟注册、BRC全球标准食品认证、ISO/DIS等，为预制菜出海扫除了一大障碍。

从产品出海到产业链出海

近年来，恒兴基于养殖环节的六鱼两虾，依照每年大约45个单品的速度推陈出新。2022年底是年鱼经济风口，恒兴将一道金鲳鱼分别赋予八大菜系风味，征服了全国各地人的味蕾。

强大的研发能力，是硬核团队的支撑。目前，恒兴研发团队分布在北京、广东等地。接下来，恒兴将加大在上海、杭州、重庆等地的研发布局，以进一步深耕八大菜系，并贴近市场需求，形成快速的研发和营销反应，研制出更本地化的产品。据陈升介绍，团队内部，厨师、食品工程师和产品经理相互配合，分别负责风味把控、工艺标准化以及产品设计。此外，恒兴还善用“外援”，同华南理工大学、华南农业大学、仲恺农业工程学院、广东海洋大学、南海水产研究所、中国农科院农产品加工研究所以及各类餐饮协会等开展广泛合作。

随着预制菜出海风口来临，陈升及其团队又耗费了半年时间研制出了酸菜鱼的国际版本。他解释：“一些出口地区禁止食品使用动物源性产品或部分调味品，因此需要找到合适的替代品，以最大程度降低对菜品风味的影响。”

凭借正宗的家乡味，在出海过程中，恒兴的酸菜鱼率先博得华人华侨的喜爱，并以这一群体为跳板迅速覆盖海外市场。目前，在预制菜板块，恒兴出海占比已达到30％，产品广销美国、欧盟、非洲、俄罗斯、澳大利亚、日本、韩国、东南亚等地。

陈升认为，海外具备预制菜成长的有利生态。“一方面，很多国家商超菜市网络较为稀薄，新鲜食材的获取便利度较低，已经形成了对冷冻食品的消费习惯；另一方面，外国人偏好的中餐风味相对聚焦于麻辣和咸鲜，容易出现爆款单品。”然而，恒兴的商业雄心并不止步于此。在产品出海的基础上，恒兴还在探索产业链出海，以更深度嵌入海外市场。

2017年，恒兴水产产业链的技术与标准植根埃及国家渔业产业园，这也是中国水产企业首次实现了“中国技术／标准输出+设备出口+工程承建+管理咨询”的整体输出模式。

2023年，恒兴食品把深入开拓C端市场、建立品牌优势作为重点工作。针对C端消费群体打造出了“恒兴渔港”预制菜臻选品牌及系列产品。接下来“恒兴渔港”将深入到各大城市，围绕区域市场消费诉求，针对当地市场的口味和饮食喜好，集中资源进行矩阵式推广。

“我们希望能将更多地道传承的中国风味带给消费者，带到海外，让更多人品味中国味、传播中国味、爱上中国味。”恒兴集团水产食品事业部市场总监许毅表示，恒兴将进一步加大水产食品研发，积极开拓预制菜国内外市场和渠道，让中国味、恒兴味传遍世界。

“整体来看，恒兴产品更偏中式。为进一步适应出海市场，我们也在尝试进行一些本土化改良，比如冬阴功和咖喱风味。”陈升表示，接下来，恒兴将探索在出口国当地寻找合适的研发合作伙伴，开发出更正宗的本土风味。

恒兴董事长陈丹表示，30多年来，恒兴一直以专业化、产业化、国际化为发展方向，已形成一条完整的水产食品产业链。如今，现代化海洋牧场建设也为恒兴发展迎来了新机遇。“我们将进一步践行大食物观，强化食品供应体系建设，深化RCEP市场的渠道开拓，切实服务好国际国内两个市场，让世界爱上广东预制菜。”

江帆水产：
特色水产供港澳卖全球

记者 林晓岚 通讯员 林燕 来源 《南方农村报》 江门市农业农村局

作为粤港澳大湾区“菜篮子”生产基地和广东省农产品出口示范基地，江帆水产已获得HACCP食品安全管理体系认证，具有面向港澳及海外市场的出口备案资格。其即食天然海蜇、海草、海带等产品90％以上出口，主要销往东南亚以及南美等地区。

让特色水产“牵手”预制菜产业，是江门市江帆水产制品厂有限公司（简称“江帆水产”）30年来坚持的事业。成立于1992年的江帆水产，依托江门丰富的水产资源，对海蜇、海螺等水产品进行深加工。近年来，江帆水产还研发出鳄鱼汤罐头、花胶糖水等系列预制菜产品，获得港澳及海外消费者青睐。

30年坚守，用特色水产做“好菜”

物产丰富的江门，是粤港澳大湾区重要的“米袋子”“菜篮子”，也是优质的“海鲜铺子”。江门水产养殖面积超90万亩，占珠三角地区的1/3。这样得天独厚的资源优势，成就了一批优秀的水产品深加工企业，江帆水产正是其中的佼佼者。

江帆水产成立于1992年，原是江门市渔业局下属的国有企业，于2002年改制为民营企业。经过20多年的发展，已成为集研发、生产、销售于一体且以出口为主的深加工企业。

走进江帆水产的生产车间，充满年代感的白瓷砖干净整洁，加工环节井然有序。“我们目前有罐头和即食水产食品生产车间3间，主要产品有即食天然海蜇、即食海洋蔬菜、菇类罐头、海产罐头四大系列30多种产品。”江帆水产总经理李仲斌在海蜇生产车间向记者介绍，“我们还拥有2座冷库，库容达300吨。”

据了解，江帆水产生产的即食天然海蜇和鲍汁海螺罐头，分别被评为“广东省名牌产品”和“广东省名优农产品”。江帆水产年加工海螺罐头、蚝豉罐头、花蛤肉罐头以及鳄鱼肉（汤）罐头、花胶糖水罐头、食用菌汤罐头等产品600吨，即食海蜇、海带、海草以及即食鱼皮等方便水产食品1000吨，总产值达3000万元。

2023年3月7日，在江门市农业农村局的指导下，“侨都预制菜”首批菜品——“江门十二菜”正式发布，江帆水产的“台山金蚝”预制菜产品入选。

台山金蚝是五邑美食的一道精品，传统晒金蚝需考虑时令、阳光、风力等因素，方法考究，体现了江门人对“吃”的极致追求。但也因为耗时耗力，令许多吃货望而却步。

“我们发挥多年生产经验，选用台山蚝半干蚝豉为原料，通过实验室多次调整配方、杀菌规程和加工方案等，最终量产上市。”李仲斌认为，依托预制菜技术，可以让更多人不受时空限制，品尝到“侨乡好味”。

关注大健康，研发加热即食鳄鱼汤

“我很喜欢爬山，来回一趟四五个小时，只带一罐鳄鱼汤补充能量，精力充沛。”在日常生活中，李仲斌是一个户外运动爱好者。爬山时，他喜欢带一罐自己公司生产的鳄鱼汤罐头当作午餐。“通过自热装置，只需要5—8分钟，就能在任何地方喝到一口美味养生的热汤。”李仲斌笑着说。

鳄鱼是最近十几年才兴起的食材，尤其在南方地区广受欢迎。鳄鱼肉是属于低脂肪、低胆固醇肉类，有补气养血、润肺止咳的功效，而海底椰炖鳄鱼，则是不少广东人在秋冬季节的滋润靓汤首选。

“我们在海南有近千亩的鳄鱼养殖基地，从源头上确保食品安全。”李仲斌说，“鳄鱼汤罐头原料简单，不添加任何防腐剂，通过高温杀菌制成的罐头，可以在常温下放置2年以上。”

“把鳄鱼汤做成预制菜，简化了烦琐的制作步骤，融合了品质、营养与口感，也符合健康化的行业发展趋势，对于无暇下厨的年轻消费客群来说，也是健康生活的一个选择。”李仲斌表示。

出口海外市场，与世界共享“侨都味道”

“我走遍了整个会场，就为了找到你们的展位！”在第31届香港美食博览会上，一名消费者对江帆水产的现场工作人员这样说。据了解，江帆水产的即食海蜇产品出口到香港，占当地市场份额约七成，而海螺片产品在东南亚市场也很受欢迎。

回顾江帆水产的“出海”之路，李仲斌认为，获得国际食品质量认证的手续繁复，其中通过HACCP验证是获得出口卫生注册的重要环节。“在这个过程中，如果仅靠企业自己摸索，非常耗费时间和精力。”李仲斌表示，希望农业部门能联合海关等相关部门，针对“侨都预制菜”通关出台一系列政策指引，开辟绿色通道，做企业“出海”的引路人。

此外，企业对接海外市场，还需要政府各部门通力合作，盘活“侨”资源，牵头打造海内外供需对接平台，为“侨都预制菜”开拓国际市场创造更多发展机遇。

远宏集团：
助力“国鳗”热销日韩

记者 林晓岚 通讯员 林燕 来源 《南方农村报》 江门市农业农村局

经过二十多年的发展，远宏集团已成为台山鳗鱼省级现代农业产业园的牵头实施主体，2017年获评“广东省龙头企业”，覆盖养殖、加工、出口等全产业链环节，出口产品包括活鳗和冷冻烤鳗，远销日本、韩国等国家。

对日本人而言，没有鳗鱼料理的夏天是不完整的。日本是世界第一大鳗鱼消费国，不到世界2％的人口，消耗了超过全球年产量70％的鳗鱼，每年鳗鱼需求量近7万吨。

早在20多年前，日本已经开始向中国进口鳗鱼。如今，中国已成为世界上最大的鳗鱼出口国。日本超过六成鳗鱼加工品来自中国，而中国超过75％的鳗鱼养殖在江门台山。

在台山菜场小摊、酒楼食肆，鳗鱼是四季常见的鲜活食材。2022年，台山鳗鱼入选“侨都预制菜”首批菜品——江门十二菜，踏着预制菜产业发展的浪潮，游向更广阔的市场。

台山鳗鱼品牌价值逾 140 亿元

自1998年进驻台山以来，远宏集团在台山已拥有1.3万亩鳗鱼养殖基地，亩产量达到1.5吨，还建设有一座大型食品加工厂和配套冷库，活鳗、烤鳗和冷冻烤鳗产品是公司的主要出口产品。

“台山地处广东南部沿海，自然环境得天独厚，有充足的水源和光照，稳定的水体、水质，适合的土壤酸碱度，在同等养殖条件下，鳗鱼的产量比其他地方更高。”远宏集团水产办公室主任徐爱宁介绍。

据了解，江门市是全国最大的鳗鱼养殖和加工基地，全市鳗鱼养殖产量约占全省总产量的90％，占全国总产量的75％，活鳗出口量约占全国出口量的80％，每年为广东出口鳗鱼加工产品提供85％的原料。

目前，江门的鳗鱼产业主要集中在台山市，其养殖面积超过5万亩，占台山淡水养殖总面积的40％，年产鳗鱼5万多吨，年产值60多亿元。2011年，台山鳗鱼被评为“国家地理标志产品”。

随着养殖规模不断扩大，当地鳗鱼企业积极开展鳗鱼深加工，引入高端烤鳗流水生产线及设备，生产加工冷冻烤鳗，逐渐形成了一条从饲料生产、物流、养殖、活鳗出口到深加工出口的完整产业链，日本成为其最大的出口消费市场。在“粤字号”2019年名特优新农产品区域公用品牌百强榜上，“台山鳗鱼”品牌价值高达141.6亿元。

逆势出海，疫情下出口量大涨

“这是世界鳗鱼加工厂的地图，我们远宏集团共荣食品收录在这里。”徐爱宁的办公室墙上悬挂着一幅日本绘制的各国鳗鱼加工厂地图，收录了8家广东省内鳗鱼加工厂的简介和联系方式，远宏集团是其中之一。

为了保证鳗鱼出口质量，远宏集团建立了完整的溯源体系，从苗种培育、土塘养殖、水质监控、土壤监控、用药管理到饲料加工、鳗鱼加工、活鳗出口等，均有专业的检测中心和完善的配套设施进行全过程检测。2019年，远宏集团出口销售鳗鱼有1600多吨。

“以往，我们的主要市场在日本。近年来，我们不断开拓市场，把触角延伸到了韩国及欧美等多个国家和地区。”徐爱宁分析，“2022年的韩国市场呈现快速增长，出口量增长到2021年的七八倍，帮助消化了大部分的库存。”据介绍，2020年1—7月，远宏集团在台山的鳗鱼出口额超过了7000万元，占整个集团出口额的一半，同比增长近两倍。

近年来，江门市农业农村局将鳗鱼列为江门六大特色优势农业产业之一，进行重点扶持，台山市委、市政府也一直大力支持鳗鱼产业发展。据不完全统计，2020年台山鳗鱼出口额达到10.91亿元，保持良好发展态势。

烤鳗预制菜，拓展 RCEP“朋友圈”

早在20世纪，台山鳗鱼制品已经被海外华侨同胞当作旅途干粮或者馈赠亲友的家乡土特产，且随着在外谋生的“金山伯”的足迹遍布海外，台山鳗鱼制品也维系着海外千万华侨的思乡之情。

“世界鳗鱼看中国，中国鳗鱼看台山。”2022年，台山鳗鱼入选“侨都预制菜”首批菜品——江门十二菜。只需要微波加热2分钟，肉质肥厚、外焦里嫩、入口窜香的台山烤鳗即可上桌，简单方便又美味。

RCEP正式生效，为企业与相关国家开展贸易带来重大利好。台山鳗鱼也乘着预制菜产业发展的浪潮，不仅游上国人的餐桌，更游向广阔的RCEP海外市场。

“日本的关税是8%，韩国关税是25%，关税比较高。RCEP在关税减让方面有优惠，这对企业是一件好事。”徐爱宁说，“相对于活鳗，烤鳗食品出口更具优势。我们也会进一步开拓新加坡、马来西亚等市场，让中国鳗鱼走得更远。”

明基水产：
烤鱼预制菜业内独树一帜

记者　孙岁寒　陆珊珊　来源　《南方农村报》

广东明基水产集团有限公司（简称“明基水产”）创立于2006年3月，总部位于广东省云浮市新兴县，是一家专业从事鱼类养殖、水产品加工、贸易销售、冷链仓储、供应配送服务一体化的现代化集团企业。明基水产产品畅销海外20多个国家和地区，内销遍及全国各地。该公司预制菜的产品生产和销售连续五年保持30％以上的增长。2021年，预制菜销售收入达4.025亿元；2022年，明基水产销售收入6.5亿元。

“这道香辣烤鱼辣度可以，但是咸度再调低一点。”当记者到访明基水产时，在会客厅里，7名试吃员正在试吃公司最新研发的预制菜品，同时在试食记录表上进行打分和记录。

在明基水产，每道新研发的预制菜品，都要经过初步试吃、提建议，由研发人员做调整后再由专业试吃员试吃、调整口味，反复调整、确保达到目标市场适宜风味后才会进入市场。

自RCEP正式生效后，预制菜产业成为风口产业。在此重大机遇下，明基水产成为云浮市农业领域对接RCEP及预制菜出口的首发企业。

产品远销20多个国家和地区

明基水产辖下有乐润基食品、中业水产和明基供应链等3个子（控股）公司。公司总投资2.5亿元，占地面积5万平方米，拥有数万亩水产养殖基地和大型加工厂房，日生产加工原料100吨，年生产加工原料3万吨。

公司对原料、加工、产品实现智能化实时监控管理，按照我国出口食品卫生标准和美国FDA进口检测标准执行，建立了一套完善的检验体系，实行养殖过程监控检验、原料到厂检验、加工过程检验和产品出厂送第三方检验共四次采样检验流程，确保产品绿色、健康、安全、可溯源。近年来，公司先后获得广东省农业龙头企业、广东省高新技术企业、广东省农产品出口示范基地、广东省菜篮子培育基地、首批粤港澳大湾区“菜篮子”生产基地等多项认定。公司“双雕”注册商标荣获广东省名牌产品、广东省著名商标、广东省名特优水产品、高新技术产品、粤字号产品称号。

目前，公司产品主要包括腌制开背斑点叉尾鮰、罗非鱼、草鱼、生鱼、长吻鮠、红姑鱼、海鲈鱼等品种。据明基水产总裁何雪乐介绍，公司产品销往20多个国家和地区，2014年起，由单一的出口贸易到并举拓展国内销售，目前内销营业额已占公司总营业额的60％—70％。2021年公司总销售收入5.1亿元，其中，内销4.14亿元，出口贸易0.96亿元。

明基水产鱼类预制菜产品

预制菜年产超 2 万吨

2022年1月，明基水产成为云浮市农业领域对接RCEP及预制菜出口的首发企业。何雪乐介绍，近年来，明基水产专注于预制菜生产，原料来源主要是云浮本地、粤西北和珠三角地区，内销网络覆盖全国各大餐饮连锁店、大型商超等。根据不同原料、不同市场和客户需求，明基水产研发出香辣烤鱼、藤椒脆鱼片、金汤酸菜鱼等类型产品。由于品质管理严格、类型丰富、消费体验良好，产品广受销售商欢迎。

2021年，明基水产生产预制菜2.12万吨（其中，内销1.7万吨，进口0.41万吨，出口0.36万吨）。据相关负责人介绍，明基水产是国内目前最大烤鱼预制菜供应商之一，烤鱼系列产品在行业内独树一帜，现正在探索制订大型连锁店烤鱼规格标准。据介绍，现在明基水产预制菜80％左右销往B端，接下来要在C端发力拓展。2022年公司总体市场规模进一步扩大，销售收入6.5亿元。

坚持联农带农助力乡村振兴

“要卖鱼，找明基。”这是新兴县罗非鱼养殖户常说的话。

在预制菜发展带动下，明基水产联农带农效应不断增强。据了解，公司推广“订养订购”合作方式，解决农户“卖鱼难”问题。近年来，公司积极引导养殖基地（合作社）统一管理生产活动，大力推动三业融合发展，从帮扶个体农户脱贫致富转为共同推动农村产业的整体发展，并通过品牌带动，强化食品安全和原料可追溯，帮助广大农村地区充分发挥资源优势，打通一二三产业链，谋求更大更长远的发展。

明基水产现有经海关出口备案养殖面积1.8万亩，带动水产合作养殖面积2.5万亩、合作养殖户1300多户，户均年创收23.5万元；解决当地用工就业问题，2021年解决农民工就业750人，实现人均年收入达9.38万元。

“公司将按照促进农业、加工业和服务业的三业融合，努力实现农业发展、农村变样、农民受惠。”对于未来发展，何雪乐提出，公司将进一步强化对接RCEP，以完善水产品加工全产业链为抓手，深入探索上游养殖、中游加工和下游销售供应发展，大力发展预制菜项目，加快形成产业闭环。“力争在未来三年，可以再创一个新明基。”

冠海水产：
中国最大的牛蛙出口企业

记者 **马俊敏** 来源 **《南方农村报》**

汕头市冠海水产科技有限公司（简称“冠海水产”）出口历史悠久，早在1989年，冠海牌金鲳鱼、鱿鱼出口美国，奠定了“全国第一款远销欧美海产品”的江湖地位；当前，冠海水产已成为中国最大的牛蛙出口企业、最大的牛蛙预制菜企业。让潮汕味飘香全球，冠海水产必将在广东预制菜走向国际过程中，留下浓重一笔。

近年来，冠海水产出口量持续增长，不仅带动了国内同行业发展，还不断整合水产种业、养殖设备、饲料生产、食品加工等全产业链建设。

随着RCEP生效，在RCEP与预制菜两大风口之下，冠海水产正面对更大的蓝海。作为潮汕地区本土企业，冠海和东南亚、东亚大量华人华侨有深厚的文化渊源，来自家乡的味道，使其和海外市场更加紧密相连。

南方农村报记者专访冠海水产董事长柯锐城，看他如何带领冠海水产抓住RCEP风口，共建中国预制菜高地，并通过水产品加工出口产业带动农业。

南方农村报： *您认为广东发展预制菜的优势与不足分别是什么？*

柯锐城： 就优势而言，一方面，广东省农业农村厅等有关部门高度重视预制菜产业的发展，不断加强政策资金扶持；另一方面，广东是饮食大省，地大物博，农产品类型丰富多样，水产品、水果、蔬菜等产量位居全国前列，为预制菜提供了丰富的食材。此外，广东预制菜产业起步较早，提前预见了这一“舌尖”新趋势，在央厨建设、冷链物流、菜品开发、食品安全等领域先行先试，积累了一定的发展经验。

然而，当前广东预制菜仍处于发展的初级阶段，行业标准与供应链不健全、跨区域经营难度大、价格受原材料波动影响大、部分菜品口味复原存在难度、消费者缺乏知情权等问题仍阻碍着广东预制菜产业的快速发展。不仅如此，农产品、水产品预制菜生产与加工的规范化、标准化也需要进一步提升。

南方农村报： *广东从省级层面统筹发展预制菜行业，这对于企业来说有什么重大意义？*

柯锐城： 广东从省级层面统筹发展预制菜行业，将更好促进资源要素向链主企业集聚，推动农产品加工业由初级加工向精深加工、由松散布局向集聚发展转变，有利于构建上下游产业互联、专业分工明晰、产销及配套企业相对集中的“加工产业带”或“加工园区”，为企业抱团发展、资源共享与共同促进提供良好的契机，从而加快培育广东预制菜核心企业、优秀供应基地与优势产区，带动广东预制菜发展水平显著提高。

南方农村报：*从企业层面看，您觉得各个层面应如何共同发力，共建预制菜高地呢？*

柯锐城：从企业层面看，各个层面应通过加强在渠道、研发、品牌、市场信息共享及乡村振兴等方面的合作，充分利用各自领域的资源优势，实现资源共享和优势互补，促进广东预制菜业务的战略布局，共建预制菜高地，进一步增强广东预制菜的综合竞争力。

南方农村报：*RCEP背景下，冠海有哪些具体行动与创新点？*

柯锐城：全国牛蛙产业高质量发展看广东，广东牛蛙产业高质量发展看濠江。冠海水产的特色是海产品和牛蛙，其所在地汕头市濠江区是全国最大的牛蛙加工和出口基地，也是广东牛蛙产业高质量发展示范区。

2019年开始，我们成立了汕头市水产品精深加工工程技术研究中心、广东省水产品精深加工（冠海）工程技术研究中心，在技术研发、团队建设、技术推广各方面齐发力，凭借17项专利和实用专利技术的应用、成熟的冷冻冷藏工艺，使牛蛙产品的品质超群。

我们的牛蛙冻品与预制菜远销美国、加拿大、欧盟、印尼、新加坡等18个国家和地区。目前合作的商家有沃尔玛、Costco、Sysco等国际大品牌，每年为国内外消费者提供美味牛蛙产品超万吨。冠海水产要加快打造品牌，进行水产预制菜品牌赋能。

RCEP落地实施前两个月，冠海水产40吨水产预制菜发货出口至RCEP成员国家和美国，实现了100吨金鲳鱼出口RCEP的虎年“开门红”。两个月时间冠海就实现第二十七次装出口柜、第四次出口RCEP成员国，RCEP成员国出口量同比增长100％。

南方农村报：*乡村振兴背景下，联农带农成为龙头企业的重要责任，冠海将如何走联农带农产业化发展之路？*

柯锐城：我们要借助省级现代农业产业园，努力建设全国最大的牛蛙预制菜集散地、全国最大的高级鱼丸生产基地，打造潮汕地区最大的水产品交易中心。我们公司将依托濠江水产产业园，坚定不移践行乡村振兴战略，积极探索“公司+基地+农户”的经营模式，主动肩负起联农带农的使命与责任，打造广东预制菜高地。在此基础上，进一步带动培苗养殖、网箱制造、饲料生产、出口贸易等全产业链发展，为联农带农助农富农持续输出冠海方案。

天农食品：
打造优质清远鸡预制菜

记者 刘鑫 来源 《南方农村报》

无鸡不成宴，是广东人的信条。作为广东四大名鸡之首，清远鸡更是刻入广东人骨子里的美味。如今，搭乘预制菜产业发展快车，清远鸡能否乘势北上，进一步走进千家万户的餐桌?

作为清远鸡产业的龙头企业，广东天农食品集团股份有限公司（以下简称“天农食品”）依托全产业链，从种源到餐桌打造优质清远鸡预制菜产品，针对不同类型客户及不同场景需求，天农食品陆续推出气调锁鲜系列、液氮锁鲜系列、熟食系列和预制菜，产品销售覆盖22个省份及港澳地区。

聚焦高端风味土鸡与顶级食材赛道

“国内年消费鸡肉量约150亿只，中国有240个鸡的品种，它们在育种、养殖日龄、养殖环境、养殖模式、风味及功能营养等方面差异巨大。”天农食品品牌总监吴雄伟向记者解释道，中国鸡肉消费市场结构及品质差异大，从金字塔的底部到顶端可以分为四大市场——快

天农食品加工基地

大型鸡市场、中速鸡市场、优质鸡市场、慢速黄羽土鸡市场，前两者占比达88％。而天农食品的赛道主要聚焦慢速风味土鸡以及顶级食材。

面向中高端鸡肉市场，天农食品十分重视清远鸡的品种保护和选育工作。吴雄伟介绍，公司拥有清远鸡纯种资源，是农业农村部认定的国家级清远麻鸡保种场、国家肉鸡核心育种场、国家肉鸡良种扩繁推广基地以及国家黄羽肉鸡种业强优势阵型企业，天农食品在守护清远麻鸡珍贵物种上作出重要贡献。

依靠“原种、原味、原产地”的品质方针，天农食品构建从种源到餐桌的完整产业链和食品安全体系。在天农食品等龙头企业带领下，历经20年不懈努力，清远鸡产业发生天翻地覆的变化，成为中国优质鸡的代名词。2022年，清远鸡入选农业农村部“农业品牌精品培育计划”，同年天农食品也被农业农村部授予“农业品牌创新发展典型案例”；2023年5月，清远鸡成为唯一入选“中国十大优异畜禽遗传资源”的鸡种。未来天农食品将在高端领域持续发力，扩大品牌销量和市场影响力，助力实现清远鸡百亿农业产业战略。

广府盐焗清远鸡植根粤菜文化

针对不同类型客户及不同场景需求，天农食品陆续推出气调锁鲜系列、液氮锁鲜系列、熟食系列和预制菜，产品销售覆盖22个省份及港澳地区，入驻2000余家商超、新零售、社区生鲜，并供应珠三角地区1800多家农贸市场、餐饮集团大客户，同时积极开展电商业务和餐饮供应链业务，与客户共享产业价值链，为消费者提供具有独特风味记忆、美食体验的纯种清远鸡产品。

据介绍，天农食品的盐焗清远鸡皮脆，肉紧，鲜香多汁，咸香入骨，融合粤菜“讲究选材、讲究烹饪技艺、追求色香味形”的文化，获得许多大奖。当前天农食品打造了广府盐焗清远鸡、盐焗土香鸡、豉油鸡、卤香鸡、白切鸡、手撕鸡等多款预制菜产品，位于清远的预制菜加工厂一天产能超5000只。

“清远鸡植根粤菜文化、岭南文化，追求原汁原味的鲜。”关于公司预制菜产品的研发，吴雄伟表示，传统中医认为鸡肉温补养肾，鸡汤是广东人养生理念的代名词之一，未来天农食品将打造一款养生鸡汤，主打养生、礼品等消费场景。

“清远鸡一般面向中高端消费市场，尤其是餐饮市场，在预制菜食品端领域也面临一些挑战。”吴雄伟表示，当前许多预制菜原料比较低端，市场上像德州扒鸡等预制菜产品成本低廉，在价格上具有竞争优势，其原材料为817杂交肉鸡，养殖日龄仅30—40天。而清远鸡生长速度慢，养殖日龄长达130天，打造预制菜产品时食材成本高，必须追求品牌溢价，瞄准中高端消费市场。

惠州顺兴：
“好味”供港当日达

记者 林健民 李乔新 许晓鑫 来源 《南方农村报》

作为惠州最早一批从事港澳禽肉饲养供应的农业企业，惠州顺兴食品有限公司（简称“惠州顺兴”）创办至今已走过30余年，接力棒交到“创二代”唐展曜的手中。如今，惠州顺兴每年出栏的肉鸡六成供应香港，占据香港市场份额的30％。2022年，惠州顺兴冰鲜禽肉、熟制禽肉出口创汇达8677万美元，被农业农村部评为“农业国际贸易高质量发展基地”。

预制菜要端上海外餐桌，实现八至九成的风味还原度，“保鲜”就成为出海企业必须要迈过去的一道坎。

“挑战性最高的就是保鲜的过程。”2023年4月24日，中国新加坡商会广东办事处副会长李懿静等前往惠州顺兴考察时，该公司企划经理陈奕林感慨，为解决保鲜问题，当时公司在政府部门的帮助下，申请了拥有香港内地两地车牌的冷藏货柜车。从1999年8月开始，直接在工厂装货，通过陆路送达香港，大大缩短了运输时间。

东江盐焗鸡

据了解，得益于对外贸易政策、地理位置、交通条件的优势，惠州顺兴产品已连续供应香港、澳门近30年，成为港澳市场冰鲜禽肉的核心供应商。当前，惠州顺兴拥有自属供港养殖基地和合作出口备案养殖基地20多家，公司供港产品均采用种苗、饲料、药品、疫苗、管理“五统一”控制。在生产设备上，惠州顺兴引入荷兰封闭式自动化流水生产线设备，建设国际先进的屠宰加工业标准厂房，搭建起强大的销售渠道和网络布局。

保鲜技术是预制菜企业出海闯市场的底气。随着惠州顺兴不断苦练保鲜“内功”，全程高效冷链中转、冰鲜鸡供港当日达已成为现实。

“都说岭南人以追求‘新鲜、原汁原味’而闻名，要新鲜就要快，冷链物流配送中心的建设是集团业务发展的必然选择。为了保证新鲜，我们升级保鲜技术，通过−35 ℃快速冷冻和−18 ℃储藏条件，从养殖场到餐桌，全程高效冷链中转，最大限度地保障冰鲜鸡安全健康和口感最佳。”陈奕林介绍道。

为推动全程冷链高质量建设，2018年，惠州顺兴启动香港冷链物流配送园区建设，成为香港地区最大的冷鲜家禽配送中心，配货量满足香港的市场需求。为确保每天稳定地派送近8万只冰鲜家禽，在12小时内从加工厂送到全港近1000家商户及食肆，惠州顺兴组建了专业车队，拥有20多辆物流运输车，日运送能力达120吨，并率先实行了“新鲜4小时到位”制度，产品在配送时均会保持0—4 ℃，在全程冷链的状态下，产品的营养有极好的保障，实现更快捷高效的运输服务。

乘着RCEP的东风，在广东农产品“12221”市场体系的指导下，惠州顺兴也开始推进国际化进程。从2016年起，惠州顺兴持续调研东南亚和中亚市场，已在越南、泰国、哈萨克斯坦等多国开发战略合作伙伴，进一步拓展海外市场。

“港式烧腊是不少海外华侨的‘乡愁’，未来我们重点发展的熟食制品，将会成为我们开拓东南亚市场的突破口。”惠州顺兴总经理唐展曜表示，港式烧腊作为传统美食，在海外华人圈有广阔市场，接受度高、需求量大。此外，熟食制品出口要求较生鲜产品宽松，开拓海外市场也更便利。

物只卤鹅：向世界传递潮汕味

记者 陈地杰 林健民 来源 《南方农村报》

海滨邹鲁，岭东门户，广东省汕头市是中国大陆唯一有内海湾的城市，得天独厚的地理优势、优越的气候环境及人文风情，孕育了一批别具魅力的地方风物。鹅肉作为割舍不掉的“乡味”，已深深融入汕头人的骨血里，一批鹅肉加工出口企业由此应运而生，物只卤鹅集团（简称“物只卤鹅”）便是其中之一。

2016年，本着“将家乡美味卖出去”的质朴想法，张元铭联合家乡的伙伴共同创立了物只卤鹅，致力于潮汕美食的研发、生产、销售、传播。目前，物只卤鹅旗下拥有5家子公司，其业务范围覆盖智慧农业、食品加工、连锁经营、预制菜零售、出口贸易五大板块，已在全国拥有超300家连锁门店，成为华南地区规模较大的餐桌卤味连锁品牌之一。

最大鹅区诞生“品牌鹅”

“创业之初从来没想过我们的鹅可以走出国门，真的是意外之喜，鹅产业的春天正在到来。”在物只卤鹅集团联合创始人张元铭看来，如果用一个词来形容2022年公司的出口业务，那便是“启航”。

张元铭告诉记者，作为一名拥有乡土情怀的潮汕人，顺利将当地特色农产品出口，相当于延续了先辈们下南洋时敢为人先、自强不息的“红头船精神”，对于潮汕特色农产品和潮商来说都是一段新征程的开始。澄海狮头鹅产品的成功出口也标志着公司的业务板块实现了全新的开拓。

在张元铭看来，相对于鸡、鸭等产业规模较大的禽畜类而言，鹅是相对小众的一个品类，但近年来行业规模不断扩张，拥有广阔的市场前景和消费空间。

据统计，在下游需求的驱动下，我国肉鹅出栏量达6.61亿只，是世界肉鹅出栏量最多的国家。国内多家龙头企业正通过引进加工工艺和先进设备，让传统产品焕发青春，并积极开发经济价值较高、市场前景好的新品。在大健康的市场带动下，我国的鹅产业已逐渐形成了“卖全国，买全国”的大市场。

广东是吃鹅大省，据统计，每年至少有1.7亿只鹅被端上餐桌。同时，广东是全国最大的产鹅区，年产鹅多达7亿只，这背后是广东人对于鹅肉的独特情感，从亲朋聚会到节日祭祀，甚至送礼都少不了鹅的身影，这份传统习俗也在海外华人圈中得到传承。

“鹅对于广东人尤其是潮汕人来讲意义独特，在海内外的需求都是比较旺盛的。”基于我国鹅产业目前的发展现状，张元铭认为，良好的产业基础以及中国人对于鹅肉的独特情感使市场拥有良好的开发前景。

预制卤鹅被端上国际餐桌

中华卤味源远流长，卤料既能防病、治病，又能产生香味，达到调味的目的，因此卤味到了明代大为盛行，如今美食界更流传着“北有烤鸭，南有卤鹅”的说法。

潮汕人爱吃卤鹅，通过卤制和使用很多香料，保质期得到延长，也因此产生了“打卤”食俗。在当地，逢年过节，家家户户都会提前向相熟的卤水店订购一只卤水鹅，而用“世界鹅王”——澄海狮头鹅来制作卤鹅，则是潮汕独有的特色。

“卤狮头鹅是潮汕的一大特色，也是我们主推的产品品类，如何让更多人能随时吃到我们的卤鹅，甚至进军海外市场？预制菜提供了一条全新的路径。”张元铭说。

为保证出品的卤鹅口味正宗、品质稳定，物只卤鹅旗下的广东熙望食品有限公司（简称“熙望食品”）聘请了多位资深主厨，研发团队采用“粤菜大厨+食品工程师”的搭配。五星级酒店大厨把控口味，调制卤水，食品工程师负责工业化转换，从原料到生产加工，制定一系列标准，拆分制作工序，形成作业指导书，最终实现批量稳定生产。

据了解，在市场接受度上，成品预制卤鹅相对更高，能让消费者更方便快捷地吃到正宗潮汕美味。“鹅肉本身在国际市场的受众相对较少，而海外吃过潮汕卤鹅的消费者更少，更别说让消费者去动手烹饪。”张元铭表示，如果将狮头鹅以卤味原材料的形式出口，那么如何烹饪将成为产品与消费者之间的隔阂，从而增加了产品销售的不确定性。而如果以成品预制菜的形式出口，消费者经过简单加热后便可直接使用，这样的便利性是成品预制菜的特点和优势。

而作为食品工业化的发展成果，成品预制菜加工能有效提升狮头鹅的产业附加值，并提升产品的独特性。张元铭表示，如果以传统的冷冻家禽形式出口，物流、检疫检验等各方面的费用加上在海外的销售及市场拓展将会是一笔不小的成本，对农民和企业带来的市场利润都十分有限。

借华人圈传递“潮汕味道”

2021年12月，物只卤鹅预制菜紧抓RCEP即将生效的机遇首次出口泰国；2022年1月，物只卤鹅预制菜成功抵达香港，第二批泰国出口产品完成出口。目前物只卤鹅已有多批次、数十吨预制菜产品运往香港，其中，卤水鹅肝、特色卤水鹅肉等预制菜产品走进香港的便利店、餐厅等。

2023年，物只卤鹅预制菜成功进军英国，在英国华人群体中引起了较好反响，为潮汕美味扩大国际朋友圈奠定了基础。

熙望食品外联外贸部负责人杨卓丽表示："随着广东预制菜产品的兴起，预制菜产品在香港很受居民欢迎，因为在香港的潮汕人很多，所以他们对口味的接受度很高。"杨卓丽表示，目前公司的卤鹅预制菜产品受到海外侨胞、外国友人的喜爱，出口业务已逐渐实现常态化。

"第一阶段是工厂准备阶段，公司按照国际市场标准对加工厂进行改造升级，从而满足更高的食品加工与安全标准。目前我们获得了危害分析的临界控制点（HACCP）体系认证、ISO22000食品安全体系认证等一系列国际认证。第二阶段即同澄海当地海关等政府部门沟通接洽，在这方面，我们也获得了有关部门的重视和帮助，包括防疫期间在出口上存在的较为复杂的手续问题都及时得到了解决，成功申报了出口食品企业备案证书。"张元铭介绍，公司在出口业务的开拓方面已基本走过了第一阶段和第二阶段，目前正处于第三阶段，即客户渠道拓展。

"海外华人华侨将是我们走出去的主要突破口。"张元铭介绍，潮汕是著名的侨乡，正所谓"有海水处就有华侨，有华侨处就有潮人"。从下南洋至今，千千万万潮汕华侨闯荡海外，却依旧挂念着家乡，而一份承载着乡愁、乡情的潮汕卤味对于海外的潮人华侨而言则显得意义非凡。因此，若能充分联动海外华侨，例如潮人商会等群体，便能更好地抓住RCEP所带来的政策利好，进一步推动潮汕预制卤味走向世界。

"目前我们已经成功对接泰国的潮人商会，并已形成了产品出口的常态化，马来西亚、印度尼西亚、柬埔寨等国家也在洽谈中。"张元铭说："我们对于出口业务是充满信心的。"未来公司将在三个方面继续发力，进一步助推物只卤鹅预制菜走向海外市场。

在客户渠道上，公司会跟RCEP国家的华人商会建立一个常态化的联系机制，以华人圈为支点，逐步提升海外市场对于澄海狮头鹅产品的认知，从而逐渐覆盖华人圈以外的消费群体。同时，公司会针对RCEP国家建立常态化物流运输机制，打通专属的常态化物流运输通道，为RCEP国家业务开展提供更好的支持。此外，公司会针对澄海狮头鹅卤味预制菜进行特色农产品的品牌宣传，让更多RCEP国家的消费者认识广东美食，提升产品在海外消费市场的"存在感"。

鹰金钱：
打造餐饮全流程预制菜品

记者 **魏彤** 来源 **南方财经**

广州鹰金钱食品集团有限公司（简称“鹰金钱”）通过整合食品板块进行预制菜品牌运作，一方面以海洋特色产品做基底，发展鱼类相关的海产品预制菜；另一方面走大健康产品，发展药食同源、食疗类等功能性预制菜产品。鹰金钱在几十年前就已经布局国际贸易，根基深厚，在北美、东南亚、非洲、欧盟等地的约100个国家和地区都有网点。

“我们鹰金钱可以说在100多年前就开始做预制菜了。”鹰金钱预制菜业务部部长江志兴表示，“1893年，我们的品牌就已经诞生了，公司前身叫广奇香罐头厂，以生产豆豉鲮鱼罐头闻名，当时我们注册的商标还叫作‘鹰唛金钱’。”

时光荏苒，如今的鹰金钱成为广州轻工集团旗下食品板块的重要企业之一，也是广州市国有食品生产经营重点企业。随着鹰金钱实施“退二进三”，易地搬迁，企业逐步形成了1个总部、1个生产园区、2家控股子公司、2家全资子公司的发展格局。

凭借自热汤喝到“头啖汤”

近年来，鹰金钱一直在优化创新的路上前行，以“移动厨房”“居家美厨”为概念，水产类食品为特色，在持续深耕鱼类罐头产品的同时，推动鲮鱼丸、酸菜鱼、广式点心等冷链型预制菜产品出海。鹰金钱还不断将产品线延伸到常温型预制菜等新兴领域，推出了自热饭、自热汤、糖水罐头等创新产品，打造餐饮全流程战略方向的自热产品。江志兴说：“特别是我们2022年开发的一款以炖盅为造型的自热汤，销量破千万，广受好评。”自热汤造型大小适中，外观圆润可爱，只需将底座旋转1圈，静候8分钟即可享用一碗热腾腾的汤品。

江志兴介绍，从技术层面来看，预制菜产品现有的保质技术有两种路径，一是高温高压灭菌，二是速冻液氮技术。自热汤使用的是高温高压技术。

传统的广式老火靓汤，要煲2—3小时，才能将风味煲出来，但它同时存在一个问题——嘌呤含量较高。鹰金钱通过121℃高温高压的设备将煲汤的时间缩短至半小时内，不仅大大减少了煲汤所需的成本与时间，在熬煮的过程中还能够很好地控制其中的嘌呤值。经检测，100g鹰金钱自热汤的嘌呤值已经控制在20毫克以下，完全低于国家低嘌呤食物（每100克食物含嘌呤小于25毫克）的嘌呤含量标准值。

自热汤系列于2022年推出，尽管2023年市面上有同质化产品出现，但在喝到了“头啖汤”的情况下，鹰金钱凭借自行研发的配方专利，打造差异化特色，市场表现坚挺。

流水线上的豆豉鲮鱼罐头

“鹰金钱本就是做鲮鱼起家的，其中有一道鲮鱼粉葛汤，是我们自主研发的配方之一，目前在市面上还找不到第二家。”江志兴告诉南方财经全媒体记者，一方面，为了不让鱼肉在烹饪过程中碎裂，影响汤品口感，鹰金钱在烹饪前对鲮鱼的加工处理工艺极为考究；另一方面，鲮鱼作为腥味较重的鱼类，对鱼汤腥度的把控也是一大重点。2023年3月，鹰金钱凭借自热汤系列在佛山预制菜产业大会上荣获了十大粤味预制菜的殊誉。

鹰金钱作为广东省级高新技术企业，不仅重视产品研发，对于产品质检管理也有着高标准的品控把关，每一款产品上都有中科院的溯源码，做到“一物一码”，从核心原材料上保障产品安全可靠。

双品牌合作、定制化服务打造品牌

作为广东的百年中华老字号品牌，丰富的产品品类让鹰金钱在品牌打造方面有更多的可能。目前，鹰金钱已经提供了双品牌合作、定制化营销等服务。

“以自热汤为例，其中部分是根据客户个性化需求设计出来的定制化产品，虽然也是鹰金钱的品牌，但在正常流通的产品渠道是无法购买的，相比一般的产品更具竞争力。”江志兴说。

此外，2023年鹰金钱还积极参与黔东南地区东西部协作工作，共同打造一款以“山珍+海味”为卖点的酸汤鱼。鹰金钱希望通过与黔东南当地品牌结合，帮助当地优质品牌走出大山，增强互动，振兴黔东南品牌，引领当地产业更好发展。

鹰金钱在几十年前就已经布局国际贸易，根基深厚，在北美、东南亚、非洲、欧盟等地的约100个国家和地区都布有网点。因此诞生了这样一句话——“有华人的地方就有鹰金钱”。

但其国际贸易也存在局限，即有华人的地方才有鹰金钱。因此，鹰金钱正在设法通过华人市场的裂变，让外国人也喜欢上鹰金钱的产品。

海外各个国家政策不同，形成了不同的贸易壁垒。对每个渠道和市场进行布局前，鹰金钱都进行了深入彻底的调查与研究，明确具体标准以研发相应的产品。

以北美市场为例，北美禁止肉类（猪肉）产品进口，鹰金钱就以菌类自热汤、素盆菜等符合政策的产品打开北美市场，进行针对性开发，让产品顺利走出国门。

事实上，广东已有不少预制菜企业及时抢占出海滩头，获得不俗成绩，这也激发了更多企业开拓海外市场的雄心壮志。数据显示，2022年广东省出口预制菜83.4万吨，出口额为310.4亿元。

江志兴认为，目前国内预制菜产业正处在高速成长阶段。预制菜出海市场大、挑战性强，所以对于出口企业来说，未来的预制菜出海，必定要在“吃透”在地政策的情况下，与企业自身的研发能力进行对标和匹配，才能顺利打开海外市场，打造海外的中国品牌。

鸿津食品：
联手经销商开发海外市场

记者 **黄俊杰** 来源 **《南方农村报》**

鸿津食品有限公司（简称“鸿津食品”）创办之初，是以鱼皮角这一极富水乡特色的食材为主要产品。如今，鸿津食品已拥有顺德总部及省内外多个生产基地，拥有鸿津、鸿津尚品、顺小灶三大品牌，包含六大速冻食品系列，共300多种产品。鸿津食品很早就布局东南亚市场，产品广获好评，东南亚合作经销商帮助鸿津食品厘清了各个国家的出口标准及相关法律法规文件，让鸿津食品出口少走了许多弯路。

如今，预制菜产业发展如火如荼，专业机构数据显示，2026年中国预制菜产业规模将破万亿元，这吸引了无数企业的目光。但与不断上升的预制菜产业相悖的是，不少预制菜企业面临“新客开发难、回头客少”的窘境，预制菜企业亟须找到客户“满意再来”的解决方案。

在全球海鲜贸易节暨良之隆·2022第三届中国粤菜食材电商节上，全国各地预制菜企业纷纷端出“拿手好菜”，顺德均安的鸿津食品展位前人流络绎不绝，不少经销商和消费者更是长期复购的“回头客”，不远千里来支持鸿津食品。这让人不禁好奇，鸿津食品凭什么赢得如此众多的忠实粉丝？

秘诀一：深耕行业，自然“接得住”

“鸿津食品一直秉承顺德低调做事的理念，以品质赢得回头客口碑。”鸿津食品营销中心总经理何桂婷笑着揭秘。实际上，作为火锅料行业“一超六强”格局中的“六强”之一，鸿津食品却异常“谦逊低调”，鲜少有其宣传报道，这与其公司创始人何裕初成长经历息息相关。

出生在顺德均安的何裕初，一步一个脚印在餐饮行业中摸爬滚打28年之久，乘着速冻食品热潮“上船”后，鸿津食品一直顺应市场消费需求，推出口碑与质量俱佳的速冻系列产品，逐步在速冻火锅料行业争得一片生存空间。

28年的底蕴让鸿津食品面对预制菜风口时，从容不迫地交出答卷。“2022年，我们推出预制菜品牌‘顺小灶’，以‘让每餐更轻松’作为口号，蕴含消费者自己在家开灶如同请顺德大厨做饭的美好寓意。”提起年轻的“顺小灶”的发展战略，何桂婷表示“以质量为先，不能砸了口碑”。

区别于鸿津食品的团餐配送和鸿津尚品的C端渠道，顺小灶更注重B端餐饮的打造。令人惊讶的是，在“价格战”盛行的预制菜行业里，顺小灶的定价并没有很低，价格区间为20—30元。

这个疑问很快就被前来参观的经销商解答。“餐饮行业成本固然重要，但口感、味道才是做大做强的关键。”来自广东的经销商胡先生表示，预制菜产品本质还是快消品，如果“销不动”，价格再低也没有意义。

在何桂婷看来，鸿津食品其实20多前就在预制菜赛道上，不断深耕供应链、保鲜技术和渠道，面对预制菜东风到来，自然接得住，“鸿津食品的企业使命就是弘扬中华美食，打造百年企业。预制菜产业非常契合我们的企业使命”。

这种深耕还体现在企业不忘创业初心。目前鸿津拥有六大速冻系列共300多种产品，在多地拥有生产基地，但其总部牢牢扎根在顺德均安。在谈及为何不选择成本更低的其他城市，而是选择在顺德均安扩大产能时，何桂婷坦言：“鸿津食品在顺德均安拥有600多名员工，他们背后是数百个家庭，鸿津食品是顺德本土企业，要承担应有的企业责任，造福自己的家乡。”

秘诀二：做好服务，自然“有化劲”

“提升净菜、中央厨房等产业标准化和规范化水平。培育发展预制菜产业。”2023年发布的中央一号文件首次将预制菜写入其中。三年来，全国各地在这条万亿元赛道不断探索和积淀，超6000家预制菜上下游企业汇聚广东，线上线下销售额节节攀升。但与行业整体盛状相悖的是，许多企业面临经营不良、渠道缺乏的窘境。要想破局，鸿津食品在全国拥有700多家经销商的成功经验值得一谈。

响应政策不偏航，经销商做事更有信心。何桂婷认为，市场信心堪比黄金。2022年，广东发布的“菜十条”中明确指出，预制菜是农村一二三产业融合发展的新模式，是农民“接二连三”增收致富的新渠道，对促进创业就业、消费升级和乡村产业振兴具有积极意义。鸿津食品在做预制菜过程中，十分注重助农服务的延伸，先后成为碧桂园助农计划（鲟龙鱼）支持单位，负责ODM研发等工作；“绿野仙品”助农计划支持单位，以实际行动响应国家号召，以“销”促“产”，提高农民群体收入。

做好服务赢未来。“鸿津食品以‘同心、同向、同创、同享’作为核心价值观，经销商就像鸿津食品的家人一样。”何桂婷认为，“将心比心”是赢得经销商信任的制胜法宝。许多经销商担心预制菜是否“昙花一现”，何桂婷就会耐心给他们分析行业趋势，坚定他们的信心。当经销商需要帮助时，全国各地的鸿津食品工作人员也会第一时间到场进行指导，这种真诚服务让鸿津食品驶向预制菜赛道时极为平稳。

注重人才与研发，服务客户更“有料”。每年毕业季，鸿津食品都会前往全国各个高校招募人才。不仅如此，鸿津食品每年还投入大量资金到新产品及生产线的研发和投产上，将科技作为发展的第一生产力。“只有做好了客户、经销商及市场的服务，面对风险时才有足够的底气。”何桂婷分享道，近期鸿津食品也将继续开展一系列活动，以“化劲”回应挑战。

秘诀三：品质为先，自然“能发力”

“出口之路任重而道远，但好在顺德区预制菜产业发展联合会给予我们许多指导和帮助。”何桂婷提出，制约许多预制菜企业出口的关键因素主要有三点：标准不一、资质不全和条文不清。

预制菜概念起源于欧美、日本，中国起步较晚，相关体系标准还在逐步探索。面对广大的海外市场，不少预制菜都有出口的冲动与需求，但却屡屡碰壁，无法做大做强。

何桂婷认为，顺德企业要做好预制菜出口，一定要最大程度保证食材的新鲜、可溯源；政府和相关协会要尽快推动建立行业出口标准；搭建信息共享平台，为广大企业提供相关政策文件解读，帮助企业更好理解法规条文。

鸿津食品很早就布局东南亚市场，鸭胸产品更是颇受好评。“鸿津食品的成功来源于东南亚合作经销商的集体努力，他们帮助鸿津食品厘清了各个国家的出口标准及相关法律法规文件，让鸿津食品出口少走了许多弯路。”何桂婷表示，2023年鸿津食品在预制菜板块的目标是比2022年翻五番，要达成这个目标，“打铁还需自身硬，品质才是赢得客户的制胜法宝”。

如今，鸿津食品正不断发力，取得更多国内外行业标准认证，打造更加丰富的八大菜系预制菜系列产品，满足不同客户的消费需求，以品质赢得“回头客”，实现自己的愿景与使命。

荣业食品：
让百年中山“黄圃腊味”焕发光彩

记者 **陈思蓝** 来源 **《南方农村报》**

“活跃、敢想敢做”是广东荣业食品有限公司董事长、“80后”王显韬给身边人留下的印象。初次会面，他便谈了许多关于腊味创新的想法，还引用时下流行的小游戏“羊了个羊”，剖析网络传播的流行趋势。在王显韬看来，年轻群体的消费市场瞬息万变，只有敢于不断试错才能抓住风口。

接手百年“老字号”荣业腊味的十余年间，王显韬将一个个天马行空的想法变为现实。在“老”与“新”的碰撞中，荣业的名号愈发响亮。在接连获评中山市、广东省重点农业龙头企业后，2021年底，荣业还获评国家重点农业龙头企业，全市仅2家。荣业还是唯一上市的黄圃腊味企业，公司年产值超过亿元。

新赛道
电商年销售额超 5000 万元

黄圃，位于中山市北部，是“中国历史文化名镇”，也是“广式腊味”的发源地。黄圃腊味制作技艺经百年不断，涌现了一批代代相传的腊味家族企业，荣业是其中之一。王显韬是荣业的第四代传人，于2009年正式进入腊味行业。

与父辈不同，在互联网时代成长，王显韬在网络世界中看到了许多机会。刚毕业时，他曾在一家广告公司工作，这样的履历让他在新媒体宣传和网络营销的认识上更为超前。入行腊味后，他做的第一件事便是推广企业品牌，建立终端销售渠道。

2009年，王显韬开了第一家荣业专卖店。当时腊味厂主要的销售模式是发展经销代理商，并不会以厂家的身份直接进入批发或者零售渠道。但在他看来，开实体店，既是品牌推广，也是建立自己的销售渠道，“这个钱必须要花”。

王显韬的商业起步十分顺利，开店之后不到一年就回了本。此后，他又陆续开了2间专卖店，并在中山、佛山顺德、东莞开设了6个市场连锁店，逐步在终端销售渠道站稳了脚跟。

不过，这只是他布局终端销售市场的第一步，很快，他又瞄准了另一新渠道——电商。“市场渠道正在去中间化，线上销售是企业必须抓住的商机。”

从2012年开设天猫旗舰店起，电商一直是荣业的核心业务板块之一。尽管成立了专业的抖音团队，但在拍摄、选品等关键环节上，王显韬总是亲力亲为，对主播着装、表情等细节更是相当挑剔。为了拍好一段视频，他时常要求工作人员拍摄十几次，直到他满意为止。

每年“双十一”，除了运营好天猫、京东、拼多多等传统平台外，荣业还会在直播渠道上重点投入，并在品牌自播、达人合作、产品优化等三方面发力。公司首先在直播平台上抢占高流量位，王显韬在内部培养优质主播团队，采取从早上10点持续到第二天凌晨3点的全天直播模式；同时加强与明星达人、商会联系，与众多明星直播间进行带货合作；推出适合直播电商的腊味产品，对物流及包材进一步优化。“荣业线上销售额占总营业额约10％，而在3—5年内可能突破30％。”2021年，荣业电商年销售额超5000万元，但于王显韬而言，这样的成绩显然还未满足。

新产品
从研发休闲食品到布局预制菜

王显韬起初做电商并不顺利，当时旗舰店全年销售额不敌一间实体专卖店。通过反复分析，他意识到，传统产品并不适合网销。“互联网思维不是简单把产品摆上网就行了，要做新渠道，更要有适合电商的腊味产品。”

2016年，他推出了休闲即食腊肠。与常见的长条腊肠不同，休闲即食腊肠被切成细细的几公分长的条状，独立包装，食用既方便又卫生，同时，拥有原味、黑椒、香辣、麻辣、芝士等多种口味，满足了不同人群的口味偏好。

在抖音平台，“烹调+带货”是荣业的主要直播形式，在直播过程中，主播为消费者现场制作菜品并提供烹调教学视频。这看似简单的一步，实质是产品的迭代。近两年，预制菜成为消费品领域的新热点，王显韬在“易烹饪”中看到了新商机。

2022年来，荣业与国内某自动化烹饪设备企业达成合作，推出腊味煲仔饭预制菜解决方案。该方案中，荣业预制菜原料与智能锅形成配套，消费者购买以后，只需按教程加入煲仔饭原料，等待约一刻钟，即可尝到香喷喷、刚出炉的黄圃腊味煲仔饭。

在“腊味懒人煲仔饭”中得到启发，荣业又研发了一批常温下能长时间储存的预制菜产品。这类产品既有腊味产品的元素，也具备预制菜方便快捷的理念，解决了预制菜严苛的储存运输条件，也更容易打入商超、电商，走进消费者的日常饮食。

“预制菜的大赛道下，要做好产品，单靠一家企业是不够的。立足自身擅长的领域，通过合作联结上下游企业，才能使优势最大化，在众多竞争者中脱颖而出。”王显韬说。

新理念
向世界推广“黄圃腊味”品牌

2018年11月30日，在韩国证券交易所，王显韬敲响了科斯达克上市鼓。荣业上市消息在业内传开后，有人还是不太相信：黄圃腊味企业也能上市?

从2015年注册荣业食品（中国）控股有限公司之后，王显韬用了四年时间把这件旁人看似遥不可及的事情办成了。筹备过程中，他对比了在中国香港和韩国上市的不同。选择韩国上市，对腊味行业其实更难，因为投资者几乎没有接触过“腊味”这样的食品。但考虑到在韩国上市比在香港上市更兼具品牌推广功能，他最终选择了韩国。

在IPO（首次公开募股）过程中，荣业在中国香港、韩国等地进行了20多场路演。香港人对黄圃腊味不陌生，但对韩国投资者而言，几乎没接触过。在他看来，路演不仅推销了荣业产品，更让黄圃腊味的品牌形象得以向境外投资者展现。接下来，荣业还计划布局TikTok平台，面向海外宣传推广，利用新媒体把黄圃腊味品牌传播出去，把中国的餐饮文化推向海外。

“打造黄圃腊味品牌”，这是王显韬在采访中提到最多的话语，也是他13年来不间断在做的事情。

作为中山市非遗项目——黄圃腊味传统制作工艺代表性传承人，王显韬在弘扬腊味生产技艺的同时，也在加强产品中的文化元素，并在业内率先提出了打造“新腊味文化”的概念。为此，他先后整理推出了首本黄圃腊味食谱《舌尖上的黄圃腊味》、腊味九大簋菜式，参与编写广东省粤菜师傅工程培训教材《广东烧腊制作工艺》，携手中山市技师学院创办中国腊味研发基地，推进黄圃腊味传统制作技艺的传承教育……

在荣业腊味文化馆里，腊味百年见于一个个有趣的小故事，传统腊味制作技艺以雕塑的形式生动重现，它带着参观者向着旧时走去，向着现代走来，邂逅腊味摊档的烟火气，感受代代传承的黄圃腊味精神……这既是黄圃腊味的故事，也是未完待续的荣业与王显韬的故事。

海润食品：
最正宗的“潮味”也是世界味

记者 **喻淑琴** 来源 **《南方农村报》**

广东预制菜产业蓬勃发展，领跑全国。广东海润发展集团有限公司（简称“海润”）作为广东预制菜，特别是潮式预制菜的重点企业，已建立“生态化生产、自动化加工、现代化仓储、冷链化物流、品牌化打造、渠道化销售”全产业链标准化体系，推出水产类、畜禽肉类、团膳类等潮式预制菜产品，让潮州菜走向更广阔的世界。

海润如何进一步打造“一桌潮菜”新概念？对预制菜行业发展的走势有何研判？南方农村报记者专访广东海润发展集团有限公司海润食品董事长杨亮。

南方农村报： *广东预制菜产业发展已初具规模，海润在预制菜板块有哪些亮点？企业如今的发展状况如何？*

杨亮： 海润作为高速发展中的多元化跨国企业，抓住国内外市场机遇，在全球已有非常完善的销售渠道网络和目标客户。早在2018年，海润在中国香港建成预制菜中央厨房，以全产业链深加工模式，服务于零售、高端餐饮等对产品有高品质需求的渠道。同期在澳大利亚，成立海润旗下的中央厨房加工企业，形成牛羊肉产业链，产品出口世界各地，主供肉类高端消费市场。

潮式风味是海润预制菜的亮点。海润提出以“一桌潮菜”为概念，从头盘至甜品，按臻选菜品进行组合，打造传统潮汕宴席式预制菜，将潮汕饮食文化赋能于具有本土特色的地理标志产品中，凸显潮汕文化符号的同时，也为消费者带来方便快捷的地道潮式美食盛宴。

经过近几年布局，海润预制菜板块不断完善，逐步研发出更多预制菜产品。通过不断探索，海润连续推出金鲳鱼干、佛跳墙等多款预制菜产品。同时抓住国外市场，通过中央厨房集中采购、标准生产、科学包装、冷链运输与统一配送，提升预制菜的体验感，让国外“吃货”也能吃上最正宗的“潮味”，拉近潮汕饮食文化与世界的距离，推动更多以地理标志为核心的特色农产品“走出去”。

2021年，牛羊肉产业链在海润预制菜板块中较为突出。其中，海润在大洋洲地区的牛羊肉产业链营业额约30亿元，海润在亚洲地区的牛羊肉产业链营业额约15亿元，海润在中国大陆的牛羊肉产业链营业额约10亿元。

南方农村报： *海润如何形成发展潮式预制菜的整体布局？*

杨亮： 海润在汕头澄海打造狮头鹅产业园、水产产业园和生猪屠宰加工基地，在潮州饶平建立预制菜厨房、冷链、供应链、电商直播基地等，提供有特色的潮州预制菜原材料及成品，如狮头鹅、牛肉丸、鱼丸等。狮头鹅是极具代表性的潮式预制菜，作为潮汕文化符号之一，澄海卤鹅制作技艺入选了汕头市澄海区第六批非物质文化遗产，卤制的狮头鹅具有独特风味，让许多食客为之称赞。

在发展利好和政策引领下，海润依托仲恺农业工程学院的科技支撑，双方在技术研发、新产品创制、工程化、产品推广与行业转型升级等五个方面展开合作，形成发展潮式预制菜的整体布局。同时，打造潮式预制菜企业集群，旨在促进潮式预制菜繁荣发展，让潮式特色预制菜源于潮州，畅销中国，走向世界。

南方农村报：*您认为广东发展预制菜行业还有哪些方面需要再提升？*

杨亮：预制菜目前的不足之处，是暂时没有一个标准。这个标准不仅仅是准入的标准，还包括源头、管理、生产等标准。

对于消费者来说，食品溯源系统串联着养殖、生产、流通、销售等多个环节，标准化的溯源体系能够将食品的生产经营过程纳入有效监控中，通过食品溯源能知道食品产自哪里、生产批次等信息，会更加放心。

南方农村报：*您认为对于预制菜标准的建设、制度的完善，企业可以采取什么样的措施？*

杨亮：生产食品过程中原料和工艺的安全是企业生存的命脉，标准化建设的目的是为消费者的食品安全提供保障。

作为潮州预制菜重点企业，海润建立起了“生态化生产、自动化加工、现代化仓储、冷链化物流、品牌化打造、渠道化销售”全产业链标准化体系，经过不断探索，完善预制菜板块的标准化、工业化。海润品控中心严格检验选用原材料，在深加工和冷链运输等环节实现食品溯源，保障食品安全。

从企业的角度，我们也希望政府部门加大对预制菜市场的监管力度，进一步规范预制菜行业市场，出台相应国标，促进行业健康发展，保障好广大消费者的合法权益。

南方农村报：*从全国预制菜产业来看，您认为广东预制菜板块目前有哪些优势？*

杨亮：首先，广东饮食文化源远流长，特色农产品资源丰富，“广式”美食享誉海内外。

其次，广东地理位置优越，有大量的农产品和渔业资源，是丰富的原材料供应地。在中央厨房农产品原料供给端，潮州饶平县凭借得天独厚的地理优势，拥有众多优质农产品，可满足中央厨房需求。

海润不断地完善预制菜板块的产业链，擦亮“潮”式预制菜这块招牌。海润在广东省内已有多个预制菜加工中央厨房，未来将在广州白云区打造一个全新的海润集团预制菜展示体验营销中心。

广东雪印：
聚拢百家企业，预制菜24小时送达新加坡

记者 **林健民** 来源 **《南方农村报》**

广州南沙雪印预制菜进出口有限公司（简称“广东雪印”）是中国专注预制菜出口的企业，通过与国际榕金联合，目前公司预制菜出口业务已进入美国、德国、马来西亚、新加坡等十多个国家和地区，未来将致力于帮助八大菜系预制菜（品牌）走向全球，让海外6000多万华人华侨尝到故乡的美食。

“我们想成为新加坡中式餐饮的中央厨房，让新加坡的美食在中国这边生产，让中国的美食通过南沙出口基地，24小时就输送到新加坡。”2023年4月24日，中国新加坡商会广东办事处副会长李懿静等前往广东雪印考察时，广东雪印总经理李煌表示。

据了解，广东雪印成立于1998年，2019年被认定为“农业产业化国家重点龙头企业”。在全产业链的发展道路上，广东雪印布局了预制菜业务线，孕育“雪巢品牌”体系。目前雪印已在粤北、粤东、粤西、大湾区等地区设立了农产品配送中心，建立起覆盖全省的农产品食材冷链配送网络。

与省内配送不同，出口预制菜对保鲜要求更高，如何保证广东预制菜能在24小时内到达新加坡？李煌表示：“我们正打造南沙预制菜出口基地，在南沙综合保税区里建立可存储1万吨的预制菜保税库。未来，做好的预制菜产品放到南沙保税区里，就等同已经出口了。”据了解，目前广东雪印也在探索快速出关模式，争取6个小时就出货通关。

为推动出口集群化发展，广东雪印正聚拢100多家具备出口条件的企业，实现从原料到生产加工全链条资源匹配，标准化生产出海预制菜。在广东雪印的展示货架上，记者发现还有不少与其他企业联名的产品，同时计划销往海外。

“我们希望能打通预制菜出海的‘任督二脉’。”李煌认为，“任脉”主要是企业出口资质问题，比如工厂设计是否符合出口要求，原料备案是否符合出口要求，以及体系管理是否符合出口要求；“督脉”则是要打通海外预制菜的销售环节，建立预制菜的海外仓和冷链物流仓储体系以及全球通的预制菜国际交易平台。

聚焦南沙，广东雪印正在下一盘打通“任督二脉”的大棋。“我们这次建设南沙预制菜出口基地，目标也是尽快聚集100家以上具备出口资质的企业。如果不具备出口资质，但是有意向出口的企业，我们就义务辅导，帮助他们按照出口要求进行建设，快速进驻南沙。”在李煌看来，将南沙打造成预制菜的“广交会”，正一步步照进现实。

广东佰顺：成为全国预制菜走进大湾区的前置仓

记者 **郑康喜** 来源 **南方财经**

2023年3月，广东佰顺农产品供应链集团（简称“广东佰顺”）携手首衡集团，首开华北地区预制菜集配一体化云仓。前不久，广东佰顺又与一家国内大型冷链物流企业，开启华东地区预制菜集配一体化云仓。从地理位置上看，广东佰顺正打通“南—中—北”预制菜专属流通网络，在预制菜一件代发业务上，取得重大拓展和突破。

站在时代新消费入口，一端连着田间地头，另一端连着消费市场的预制菜，正成为万亿元级市场的黄金赛道。2023年中央一号文件更是将预制菜产业提上了战略高度。作为农村一二三产业融合发展的新模式，预制菜产业对促进创业就业、消费升级和乡村产业振兴具有积极意义。

佰顺是一家深耕冷链供应链的综合服务商，近年来依托“东莞国家骨干冷链物流基地”这一粤港澳大湾区最大单体冷库，正积极切入预制菜赛道。

“目前广东佰顺在预制菜产业中，主要围绕建网络、做专仓以及数字化展开。依托‘广东一张网+全国互为中心的云仓网络’，打造全国预制菜专属流通网络，让全国各地的预制菜企业与销售平台都能享受专业的第三方预制菜一件代发服务，为企业降本增效，也让全国预制菜能高效安全地送到老百姓的餐桌。”广东佰顺副总裁王东表示。

在王东看来，冷链物流费用相对其他物品较高，任何一家预制菜企业要单独解决这些困难，都需要耗费巨大资源。广东佰顺正在以冷链物流优势，发力集约化供应链体系，解决预制菜产业冷链痛点，促进产销深度融合。

将预制菜冷链网络延伸至全国

预制菜离不开冷链物流和食品加工及保鲜技术，尤其依赖冷链运输。先进的物流配送体系和合理的规划布局，在保障食品安全的同时，能扩大预制菜企业的市场覆盖面，进一步加快预制菜产业发展。

因此，冷链物流配套设施，是衡量一个地方预制菜发展水平的重要维度。从各地发布的推动预制菜产业高质量发展的政策中，都能看到对冷链物流建设的支持。2022年7月，广东在全国率先立项制定《预制菜冷链配送规范》预制菜地方标准，为预制菜配套设施建设提供规范指导。

这正是广东佰顺这家冷链物流企业“押注”预制菜赛道的最大优势。作为广东省唯一国家首批骨干冷链物流基地运营方，目前，广东佰顺运营着大湾区最大单体冷库增益冷链东莞港基地，从基地流转的商品货值已达155亿元。

王东告诉记者，2022年以来，广东佰顺不断提升与物流“链主”企业的密切度，依托顺丰全国物流网络，输出管理标准，优化出库、管理等服务模式。2023年，广东佰顺围绕冷链物流，逐渐明晰自身定位：广东预制菜全省流通的中心仓，预制菜走向全国的前置仓，以及全国预制菜走进大湾区的前置仓。

从2022年开始，国内有近7万多家企业涉足预制菜，这其中不乏中小企业。而在抢滩预制菜赛道过程中，冷链物流成本高、渠道开拓难等难题，成为左右中小企业成本和产品价格的共性因素。

“从预制菜产品C端市场来看，很多中小企业起步销售量不够，没有基础业务量，造成物流快递成本高，占总成本比重甚至可达30％，极大制约了预制菜C端的销售发展。所以，我们需要联合各类经营主体，共同探索出一套行之有效的‘核心仓+共享仓’的链路运营模型。”王东表示。

以惠州顺兴食品为例，此前，惠州顺兴食品与佰顺集配中心云仓实现物流与销售数据共享，广东佰顺根据大数据，为惠州顺兴食品制定配送计划，将产品配送至各大分仓，并覆盖全国主要销售区域，使企业得以高效拓展全国预制菜消费市场。

2023年以来，广东佰顺围绕预制菜冷链配送搭建网络，在上述定位下，打造全国预制菜专属流通网络。在广东区域，广东佰顺依托东莞国家骨干冷链物流基地，建立起“1+4”广东预制菜专属的“核心仓+卫星仓”，形成了“产地到销地”预制菜集配运营模式。

记者采访了解到，该集配运营模式具备物流费用低、分拣打包效率高、覆盖全国的优势。理想状态下，电商客户下单以后，产品在48小时之内可送达全国。“我们已在广东东莞、河北新发地、上海南桥、山东济南、四川成都五个全国主要销售区域，合作建立了互为中心的预制菜全国流通网络，让全国各地的预制菜企业与销售平台都能享受专业的第三方预制菜一件代发服务，为企业降本增效。”

王东透露，广东佰顺目前已经形成“大湾区—长三角—京津冀”互为中心的销区市场预制菜流通网络，2023年6月下旬完成“大湾区—川渝地区—山东”互为中心的“东西协作预制菜流通网络”。

利用数字化实现供应链精细化管理

高效的冷链物流保障、完善的标准化体系不仅是助力预制菜“跨越千里，鲜香如初”的“忠诚助手”，更是“舌尖上的安全”的“守护者”。面对广阔的预制菜市场和快速发展的冷链物流，如何完善冷链运输流程，更好地把控产品的品质，实现产业标准化，正成为企业竞争的关键点。

业内人士表示，预制菜产业只有与数字化深度融合，才能有更高的产业效率和完善的迭代机制，预制菜产业数字化是必然趋势且将走向深入。

在打造全国预制菜专属流通网络的过程中，广东佰顺发现预制菜企业各类信息的交互依旧存在诸多约束和壁垒，而要实现产业标准化，以数字化打通商品和订单管理、物流路径查询、商品库存盘点、自动对账、补货计划等全链条关系，势在必行。

“2022年开始，我们围绕供应链网络数字化，建立了一整套供应链精细化管理方案，目前已对接到60多类电商平台，优化预制菜企业流通过程中的服务效率。”王东表示。

王东介绍，在数字化运作下，管理后台会通过大数据分析全国预制菜流通网络，让客户以数据分析为依据，进行生产和运输的排期。“比如某些产品在上海销售情况很好，经过大数据分析后，会建议相关企业将更多货量放在上海仓库里，从而加快分仓流通效率。”

在此基础上，广东佰顺推出预制菜行业供应链解决方案，通过数字化打通产业全链路，为企业提供从业务到物流的一体化供应链解决方案，解决预制菜行业在食品安全、仓储库存、日常运营成本等方面的一系列难题。“只有供应链能力得到提升，才能降低预制菜企业的成本，这是我们作为冷链供应链综合服务商最需要解决的能力。”王东表示。

以集配仓发货为例，目前广东佰顺打造的全程系统化发货模式，打通了WMS系统、OMS系统等数字化平台，同时具备工单、加工、退货、结算等功能，围绕供应链的智能系统调度，可为预制菜企业提供更加精细化的服务。

在王东看来，预制菜产业目前还在不断发展壮大，未来几年中，产业有望取得更大增长。对预制菜企业而言，在冷链物流和食品科技不断进步的背景下，行业机遇同样很大。“未来，广东佰顺将继续利用数字化手段提高生产效率，不断优化供应链精细化管理，同时积极寻求和拓展市场渠道，与不同行业合作寻找新的消费者群体。”王东表示。

港鲜供应链：预制中国味，海选天下鲜

来源 国惠兴集团

“未来惠州逾八成预制菜，将从这里出发，走上各地市民的餐桌。”2023年7月，位于惠州海吉星市场粤东预制菜交易中心的港鲜供应链预制菜展销体验中心开启运营，该体验中心以助力乡村振兴为宗旨，立足惠州，连接粤东，服务粤港澳大湾区，经销链辐射全国。

广东港鲜农产品供应链有限公司（简称“港鲜供应链”）成立于2023年4月，是广东国惠兴实业集团旗下全资子公司，以“预制中国味，海选天下鲜”为经营理念，专注于各类预制菜产品的销售供应，集“产品品鉴、交易展示、直播带货、批发零售、仓储配送”等于一体，坚持“产品多元化、渠道多元化”的发展战略，致力于向广大客户提供优质的预制类产品。

依托国惠兴集团，港鲜供应链发力预制菜出海有五大方面的优势：一是联储共备机制，通过设立共享物流仓，整合海吉星预制菜区域所有产品资源、库存资源，实现产品、库存全区联动机制；二是线上线下一体化销售能力，凭仗物流园、线上流量优势，以线下展示、体验、本地化仓储配送和售后服务结合等为依托，结合直播带货、电商平台运营等互联网营销能力，形成以客户为中心，线上线下一体化的销售能力；三是产品整合能力，多维度多品类选品，丰富产品库品牌；四是自主研发生产能力，依托博罗预制菜产业园，可实现自有品牌产品的研发生产；五是客户服务能力，做预制菜服务提供商，提供产品培训、竞争分析、销售技巧、销售工具等服务。

港鲜供应链以自主研发预制菜产品为主，精选、优选品牌产品入库，构建立体化销售、供应平台。港鲜供应链预制菜展销体验中心位于惠州海吉星市场粤东预制菜交易中心，面积1000多平方米，聚集品牌30家以上，主营4种预制产品品类（即食、即热、即烹、即配），辅营品类5类（滋补品、预制茶、食疗药膳、粮油、特色酒），初期产品sku（最小存货单位）导入2000种以上，稳定运营期产品sku过万。

港鲜供应链预制菜展销体验中心汇集了鲁菜、川菜、粤菜、苏菜、闽菜、浙菜、湘菜、徽菜八大菜系，以及客家菜、潮汕菜、东江菜等地方菜系，产品涵盖佛跳墙、酸菜鱼、东坡肉、梅菜扣肉、各类潮式点心包点等，一应俱全。

在生产和销售预制产品的同时，港鲜供应链针对预制产品配套投入研发了储存加热销售设备“预制菜便当自助贩饭机”，在机器上下单后一键热饭，90秒出餐，即热即食，操作方便，快捷高效，未来将会大力推广。

从胡润百强榜看粤企如何“守擂”万亿元市场

记者 郑玮 喻淑琴 来源 南方财经

“20多年前发布第二次百富榜时，中国首富来自做农业起家的新希望集团，这非常了不起，一度成为中国经济故事样本。20多年后，随着农业科技水平的提升，预制菜工业化发展思路，将为农业现代化发展带来新的启发。”胡润百富董事长兼首席调研官胡润说。

2023年3月3日至3月5日，在首届中国国际（佛山）预制菜产业大会上，“2023胡润中国预制菜生产企业百强榜”（简称“预制菜百强榜”）首次对外发布。胡润表示，中国预制菜行业已迎来快速发展和创新的“黄金时代”，通过榜单可以一窥新时代下中国农业工业化转型的企业故事。

在预制菜这一新兴赛道上，百强榜Top10的企业做对了什么？凭借何种优势抢下“头啖汤”？粤企又何以组团上榜占据C位？

南方财经全媒体记者观察走访发现，“自动化”“标准化”“规模化”“性价比”是多家上榜企业反复提及的关键词。而广东所具备的供应链、消费市场、政策引导等优势，为预制菜产业集聚于此打下基础。

现今，广东全省正以稳供给、扩内需、拓外需、强队伍的措施吹响奋力“拼经济”号角，预制菜也再度进入省政府工作报告，首进中央一号文件。未来，预制菜产业发展将迎来多重契机，关于预制菜的中国经济故事新篇章正缓缓铺开。

哪些企业抢下“头啖汤”？

“现在大家都在说传统产业发展放慢了很多，所以都在寻找新的赛道，寻找能够创造下一波世界五百强企业的赛道。预制菜这个赛道绝对是其中之一。”胡润表示，预制菜产业发展相当快。

在这个新兴市场中，哪些企业抢下“头啖汤”？

预制菜百强榜显示，安井食品、百胜中国、聪厨、福成五丰、国联水产、好得睐、绝味食品、眉州东坡、千味央厨、味知香进入“最具实力中国预制菜生产企业十强”。其中，5家企业来自食品加工行业，3家来自餐饮行业，2家来自农林牧渔产业。

在榜单发布现场，千味央厨御知菜总经理牛法治谈起了推动预制菜产业向自动化、规模化转型的必要性，“在设备方面，中国预制菜起步较晚，自动化设备和大型设备都比较少。很多预制菜企业仍然在使用手工、半手工形式生产，很难实现规模化，反馈到C端，它的劣势就是成本没有达到最优”。

“像我们的速冻水饺产品，自动化程度已经很高，可以完全替代人工。最早每个车间有2000人，最高峰时有2万人，现在产值做到70亿元，但员工数量可能是原来的十分之一，几千人就可以做到之前几万人的产值，效率提升也会影响产品性价比。所以，最终顾客埋不埋单还是要看我们能不能达到极致性价比。”牛法治说。

安井食品筹建总监叶伟健则分享了安井食品抢滩预制菜市场的三条路径：“第一是通过OEM模式输出品牌、技术、质量，快速整合产业链资源。第二是通过并购方式来控股。第三是利用安井自身的优势——渠道，成立安井小厨等品牌来做整个预制菜的发展规划，致力打造第二增长曲线。”

值得注意的是，安井食品与千味央厨都来自食品加工行业。

“在我们榜单上，食品加工类企业是主要参与者，占一半以上，这些企业的产业基础更有利于做品类的拓展甚至转型。”胡润表示，预制菜背后的要求就是标准化、规模化和规范化生产，食品加工企业拥有先天优势，而且有着更为丰富的经验。

此外，拥有供应链端优势的餐饮企业，以及拥有上游原材料优势的农林牧渔类企业，上榜比例也分别达到22％和18％。

谁能啃下6500亿元“蛋糕”？

从2022年的4196亿元，到2026年的10 720亿元，未来4年，谁能啃下这大约6500亿元的增量“蛋糕”？

胡润表示，目前预制菜行业创造价值最多的仍然在B端，但C端业务的成长空间和发展机遇不容忽视。牛法治也判断，未来十年预制菜行业应该还是以餐饮为主，但随着生活节奏加快，未来预制菜更大的市场一定在C端。

“预制菜在C端的接受度，其实取决于菜品还原度高不高，主要涉及几项技术和工具设备。”叶伟健进一步分析，“一是原料的预处理技术；二是加热技术，减少加热时间，让加热更均匀，减少风味的损失；三是快速冻结技术，减少冰晶生长；四是冷链运输技术，加强流通过程中的温度监控等。此外，在消费端，提高微波炉等工具设备的智能化水平，也可以为预制菜C端消费者进一步赋能，让消费更加便捷高效。”

“预制菜是一个长周期赛道，市场空间大、机会多，但不同类型的企业，肯定还要结合自身的优势，找到适合自己的发展路径，这才是握住风口的关键。”业内人士说。

作为预制菜产业先行地，在预制菜百强榜中，粤企表现不俗。

广东上榜企业总量达到20家，居全国首位，上榜企业主要为国联水产、温氏、何氏水产等农林牧渔企业。在榜单前十强中，总部位于广东湛江的国联水产也占下一席。此外，广州、佛山两城各有6家预制菜企业上榜，并列全国第三。

“按传统的观念，我们可能会先去看山东等农业发达的省份，但我们发现预制菜榜单里面，广东企业数量排第一。这很有趣。”胡润认为，在预制菜产业发展上，广东有着非常明显的地理优势以及供应链、工业装备等优势，此前发布的相关扶持政策也对预制菜市场发展起到一定刺激作用，比如《加快推进广东预制菜产业高质量发展十条措施》等。

2022年，广东预制菜市场规模达到545亿元，同比增长31.3％，全省集聚超6000家预制菜企业，并有11个预制菜产业园被纳入省级现代农业产业园。

“20多年前发布第二次百富榜时，中国首富是做农业起家的，20多年后农业现代化发展再次迎来风口。我相信这个百强榜五年后会有非常大的不同，会有很多新兴企业来到这个榜单。”胡润表示，在预制菜这个新兴赛道，一切还充满可能。

粤企如何拿下万亿元市场？

新市场带来新机遇。机遇之下，群雄逐鹿，下一步粤企计划如何发挥优势，“守擂”预制菜万亿元市场？创新和出海成为两大关键词。

上榜企业之一的广州酒家集团利口福食品有限公司副总经理吕义忠表示，未来广东乃至全国预制菜行业要实现高质量发展，在企业角度，更重要的是要推动科技赋能、创新引领。“一是要通过技术升级，更好地解决预制菜风味改良与品质保真的问题；二是要着力突破预制菜生产加工设备瓶颈，推动预制菜产品标准化、工业化，快速响应市场；三是加快建立预制菜国家标准，推动中国预制菜走出国门。”为此，吕义忠呼吁未来产学研机构多给予预制菜行业以科研支持，希望能够与同行携手共进，共同推动中国预制菜品质创新。

养殖巨头温氏则将创新的着力点放在商业模式上，给出“开辟第二曲线，打造产业闭环”的守擂解法。温氏佳味副总经理温尚基说：“布局预制菜赛道是我们探索食品业务转型升级和产业链延伸工作的‘拳头’打法。为破局养殖周期魔咒，未来温氏还将针对预制菜业务，在设备升级和产品研发等方面进一步加大投入，致力于实现全链条的工业化、标准化以及优质预制菜产品的持续推出。”

同为“生产—加工—物流—销售”一体化的综合性企业，何氏水产也提出了“上游智慧农业、中游食材供应链标准化加工生产、下游智慧餐饮和零售”的全链路发展方向。“未来，何氏水产将继续充分发挥活鱼流通的显著优势，加快构建‘智慧渔业+水产预制菜’相结合的世界级版图。”何氏水产副总裁王丁望说。

守擂既要修好内功，也要提升外功。作为此次预制菜百强榜中广东唯一的“十强选手”，国联水产将目光瞄准海外市场。“海外市场潜力巨大且尚待挖掘，是红海中的一片蓝，抢跑预制菜赛道要锚定出海目标。”国联水产国际营销相关负责人说，“随着RCEP的深入实施，各地政府未来必将持续释放降税享惠、融链拓链、流转便利、高效通关等政策红利，预制菜企业应当积极搭乘红利东风，向海外进发，打响品牌名气。”据悉，为达预制菜出海标准，国联水产已做多手准备，不仅设置专业品控团队研究出口国家的准入标准、积极筹备多方沟通洽谈以明确出口要求，还主动请求中国海关给予指导。

从单一农业到农业工业化转型，再到一二三产业融合的现代农业模式，预制菜企业正写下中国经济故事的新篇章。

下篇

出海：粤味行天下

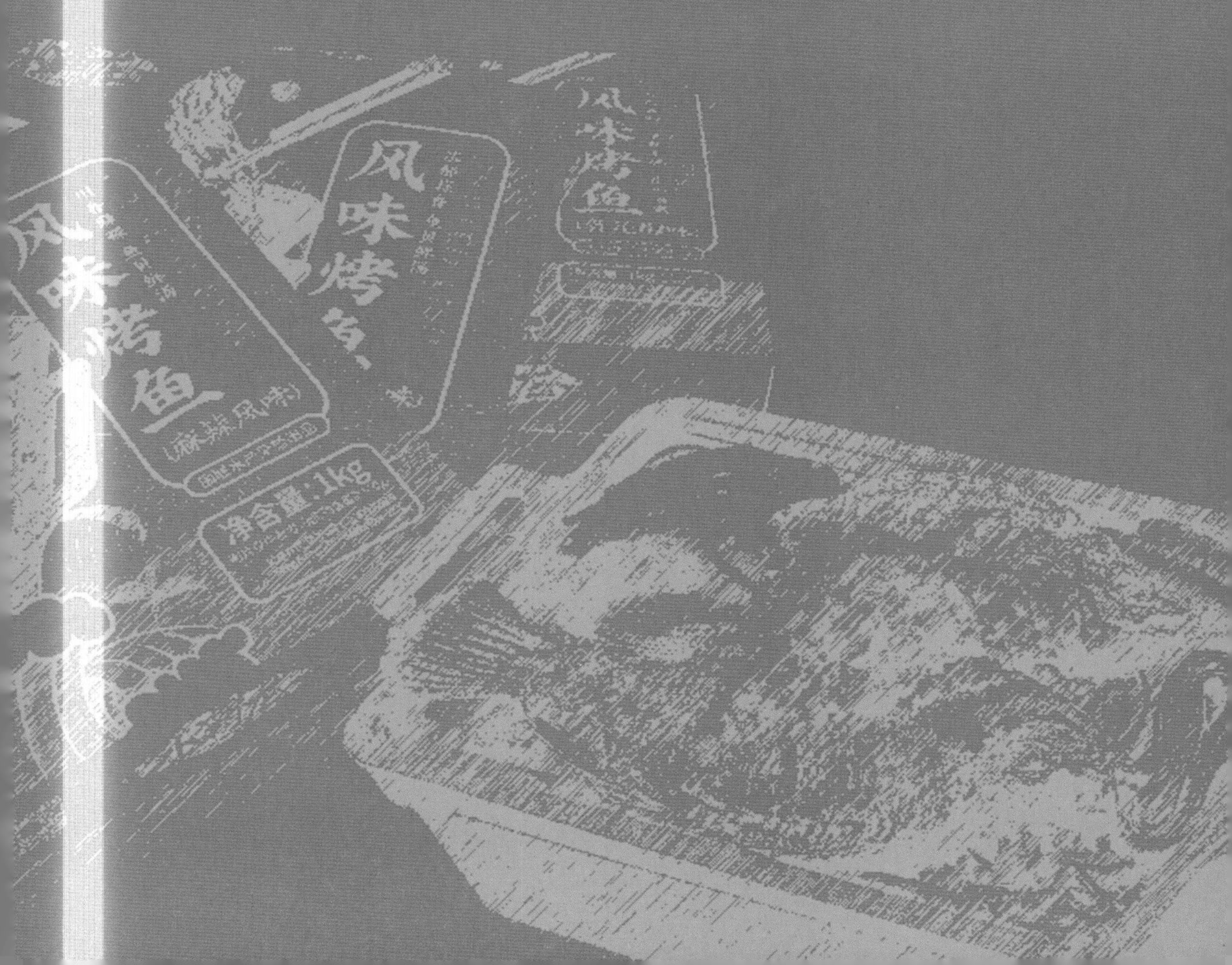

OVERSEAS MARKETING

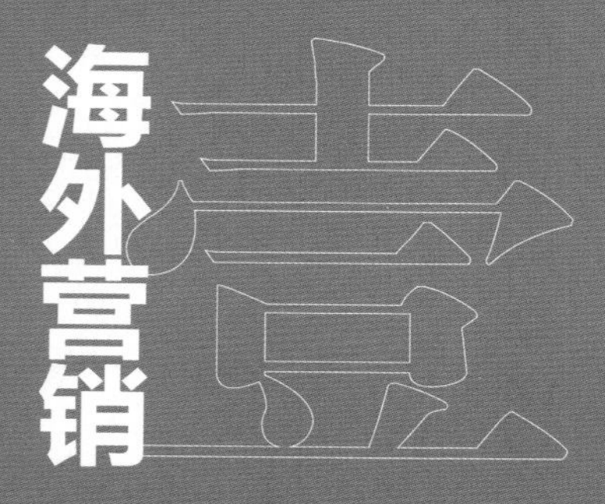

出海记·加拿大
多伦多相会　总理致贺信

记者　韩雨珂　林晓岚　来源　《南方农村报》

2023年，广东预制菜出海，首站落地加拿大。多伦多是加拿大第一大城市，在印第安语中，意为“相会的地方”。广东预制菜选择在这里与海外消费者邂逅。

2023年是广东预制菜落地北美元年。1月20日，广东预制菜点亮加拿大多伦多央街屋顶大屏，向全球消费者送去新春祝福，拉开了“喊全球吃广东特色农产品（预制菜）之走进加拿大”系列推介活动的序幕，让广东的美食文化“飘香”海外。

多伦多当地时间2月4日，“品家乡味，过中国年”中国广东特色农产品（预制菜）品鉴交流会在加拿大多伦多举办，加拿大三级政府政要、中国驻多伦多总领馆官员、行业协会和商会代表、餐饮从业人员和媒体代表等逾百人出席。当天正值中国的元宵佳节，加拿大总理贾斯廷·特鲁多发来贺信。

加拿大联邦国会议员叶嘉丽现场宣读贺信，信中写道：“很高兴地欢迎大家来到‘品家乡味，过中国年’预制菜产业活动。在一系列全球挑战中，关于食品工业、产品、供应商等专业的对话比以往任何时候都更加重要。我也想借此机会向大家致以最好的祝愿，祝大家农历新年快乐。”

“我代表中国驻多伦多总领馆祝贺活动顺利举办。中华饮食文化博大精深，是中国文化的重要组成部分，广大华侨华人在中华饮食的传播上作出了很多努力和贡献，只要有我们华人在的地方，就有中华美食。预制菜契合了时代的发展需要，可以说是一个新兴产业，它的发展潜力和空间很大，有一条完整的产业链。我希望广东预制菜产业在加拿大开创出一片新天地，带动产业链上下游发展，进一步推动中加经贸往来和务实合作。不仅让广大华侨华人能够品尝到家乡的美味，也让更多的加拿大本地人体验舌尖上的中国，为传承中华饮食文化作出新的贡献。”中国驻多伦多商务领事李彤说。

会间，广东预制菜产业北美发展中心（Guangdong Prepared Cuisine Industry Development Center of North America）（简称“发展中心”）正式成立，加拿大联邦政府政要、总领馆官员和中心负责人共同为发展中心成立揭牌。

发展中心由人人科技（Each Technology）发起，成员背景覆盖预制菜产业链、供应链、跨境投资等多个领域，致力于服务中加两国在预制菜产业的交流及发展。

为共同谋划广东预制菜在北美的发展规划，活动邀请了加拿大商会代表、阳光超市总裁、国联水产代表、恒兴集团代表等多位嘉宾进行了两场圆桌论坛，分别就对居民生活的影响、预制菜产业的发展趋势和未来规划等议题各抒己见，在充分肯定预制菜产业发展方向的同时，对预制菜落地北美提出了不少中肯建议。发展中心理事长林飞认为，在海外，尤其在加拿大，广东文化有很大的影响力。多伦多的广东人很多，是北美粤菜水平最高的城市。因此，粤式预制菜和加拿大的相遇，一定是天作之合。加拿大知名投融机构SOTTI创始人William Chai则称，目前已经投资了产业上游的产品，“很高兴能看到广东预制菜在加拿大推行，相信未来很多连锁店、超市都会采购”。

“来这里开会，我非常激动。看到加拿大政府用开放和支持的态度对待广东预制菜，我们企业有了更强的信心。我们已经有金鲳鱼、佛跳墙等很多产品在加拿大各大超市销售。我们正在研发更多产品，希望不只是为华人服务，也为其他海外消费者服务，让他们感觉吃预制菜像吃比萨一样习惯与方便。”恒兴集团代表说。

正值兔年新春，此次活动特别安排了慈善捐赠环节。捐赠方代表人人科技总裁、发展中心主任Jianping Li和林飞向多伦多孟尝安老院捐赠200人份“年鱼”预制菜品。赠品礼盒上书写着“青山一道同云雨，明月何曾是两乡”，表达了浓浓的故土乡情。捐赠方表示，“年鱼”概念出自广东，是一种以鱼为载体的贺年仪式性消费，“鱼”与“余”同音，希望把年年有余的好福气带给加拿大人民。

活动现场精心准备了多种具有代表性的广东预制菜，包括烤鱼、酸菜鱼、小龙虾、虾滑、一夜埕金鲳鱼、酒香鲈鱼、面包虾棒、虾饺、烧卖等等。嘉宾边品尝美食边点评交流，现场气氛热烈，几位居住在加拿大的“老广”感叹：真是家乡好味道。

广东预制菜亮屏多伦多

出海记 · 美国
东西名厨交流　体验全新中餐

来源　**美新社　新华网**

2023年2月21日，“粤品粤香”东西名厨交流及美食品鉴会于洛杉矶圣盖博醉长安餐厅热闹举行。本次亮相的十余道广东预制菜有清蒸金鲳鱼、罗定豆豉鸡、菠萝烤白蕉海鲈鱼、白灼鱿鱼仔等。经过厨师简单地烹饪，一道道广东预制菜被端上餐桌，让中外嘉宾加深了对广东预制菜的认可。

本次活动，由中餐发展基金（Chinese Restaurant Foundation）主办，邀请到场的中西名厨包括李安电影《饮食男女》美食设计总监林慧懿、南美秘鲁之厨神里卡多（Ricardo Zarat）、Michelia法餐名厨Kimmy Tang、粤厨许津略、Francisco de Dominicis and Chris Frisco的意大利厨师法兰西斯克、北岭沪菜冠军名厨曾天松、江南村餐厅米其林主厨Henry张等等。

众多圣盖博谷美国民选官员莅临祝贺，南加州华侨、商界精英，社区名流，食评家等欢聚一堂。

作为总召集人，林慧懿女士介绍，粤菜在180多年前就跟随中国移民来到美国，成为在美中餐的代表菜系。如今，在包括中餐在内的餐饮业逐渐走向复苏之际，前有景气低迷，后有食材和人力等成本飞涨的挑战。来自广东的预制菜有可能成为一个新优选择，通过急冻科技将半成品粤菜送到厨师和大众的手中，让大家更容易地享受到粤菜美食。

林慧懿女士也指出，本次活动的主要目的在于让本地的东西方厨师展示各自的厨艺，同时激发创意，汇集粤菜、沪菜等中餐代表，法餐、意大利餐等欧洲代表，还有南美秘鲁、法餐中餐融合风等代表，让东西方文化在碰撞中交融。各位大厨展示的技艺也让她这个美食达人学习良多，受益匪浅。她也利用预制菜包烹制了豆豉牛蛙腿、鱿鱼三吃，感受其省时省力的优势和特色。

主办方、中餐发展基金执行主任谢冰（Betty Xie）女士感谢多位大厨的加持，以及圣盖博民众的热情参与。她强调粤菜是中国八大菜系之一，历史悠久，进入美国的时间较早，知名度高。广东预制菜不仅能帮助餐饮业应对食材稀缺和人力成本的挑战，还能利用中央厨房、急冻科技将地道的粤菜美味封装起来，让开袋即煮（Ready to Cook）、开袋即食（Ready to Serve）成为可能，让更多美国华人和当地居民更容易地享受到粤菜，粤品粤香。

圣盖博谷商会执行董事Sandy Rosco和前主席Alexis Salamanca，以及中华会馆、华埠传统侨社代表，南加州新侨侨社代表等也出席祝贺，见证“粤品粤香”东西名厨交流及美食品鉴会的成功举行。

广东省农业对外经济与农民合作促进中心相关负责人认为，本次活动通过鉴赏广东预制

Michelia法餐厨师Kimmy Tang现场分享预制菜创意美食烹饪过程

菜的口感、营养价值以及烹饪方法，展示广东预制菜食品行业的发展前景，让越来越多的美国消费者认识到中国的预制菜文化，同时为他们带去全新的中餐美食体验。

主办方美国《中餐通讯》杂志有关负责人介绍，从文化角度来看，本次活动使全球受众更多地了解广东饮食文化，加深了中外饮食文化的交流，也开拓了广东预制菜文化的海外市场，为广东预制菜海外产业发展铺平了道路。

出海记·新加坡
狮城掀起中式美味风

记者 林健民 李乔新 许晓鑫 叶凤林 来源 《南方农村报》

烧鸭、酸菜鱼、盐焗鸡……仅需简单加工，一道道粤味家常菜便能轻松端上餐桌。近年来，省去食材采购、切配烦恼，简化制作步骤的预制菜，已经成为餐饮消费新宠。在RCEP红利的加持下，越来越多广东预制菜出海亮相，吸引了不少海外拥趸。2023年4月24日，中国新加坡商会广东办事处副会长李懿静等前往广东特色优势农产品及预制菜生产出口企业考察交流，切实推动海内外市场对接。

推动工艺数字化
传承粤式预制菜风味

“这个馍馍有‘锅气’！”当天上午，在广东雪印集团有限公司（简称“广东雪印”）餐台，李懿静品尝由该公司加工的“皇馍馍”预制食品后不禁赞叹道。据了解，“皇馍馍”由秦皇岛市在旗食品有限公司出品，属于速冻熟制品，按照西北风味由粗粮细作而成，曾荣获第106届巴拿马太平洋万国博览会金奖。

除了“皇馍馍”外，广东雪印的展示货架上，还有不少与其他企业联名的产品，计划销往海外。“和北美等地区相比，我们出口RCEP国家，特别是新加坡等东南亚国家会容易一些。一方面路途比较近，另外一方面饮食文化也相近，再加上未来几年基本上是零关税。出口容易的同时，也意味着竞争更加激烈。”广州雪印食品股份有限公司总经理李煌介绍道。

东南亚预制菜市场竞争激烈，如何提升产品竞争力？广东雪印提出了“工艺数字化”战略。“我们以后会和国内知名餐饮、百年老店做联合品牌，将这些知名餐饮、百年老店的标准生产工艺数字化。用预制菜数字化、标准化的生产方式生产联名食品，让更多消费者足不出户，便能享受到和门店一模一样的味道。”李煌表示，这样的方式能够将经典味道永久保留，形成企业的核心竞争力。

此外，广东雪印还发展自有品牌体系“雪巢”，推出客家风味系列、岭南素菜系列、免洗净菜系列和调味配菜系列四大系列预制菜。当前，广东雪印已在粤东、粤西、粤北、大湾区等地区设立了农产品配送中心，建立了覆盖全省的农产品食材冷链配送网络，打造了从农田到餐桌全程可追溯的“功夫雪印”中央厨房，全面实现标准化、专业化、集约化和产业化。

对标出口高要求
提高生产水平和能力

“这个烧鸭皮薄，很香”“这个白切鸡肉质很嫩”……当天下午，在惠州顺兴会客室，一道道预制菜品经过拆袋、装盘、加热、下料，短短几分钟便被端上餐桌。一块预制白切鸡肉甫一入口，鲜香嫩之感油然而生，深受嘉宾们好评。

“这款白切鸡是我们的专利产品，需要经过微波、风冷等几次加工才能制成，最大程度保留鲜嫩味道，可以看到白切鸡的骨头里面还带血色。”惠州顺兴销售总监杨司发介绍，公司每年出栏的肉鸡六成供应香港，占香港市场份额的30％。2021年，惠州顺兴冰鲜禽肉、熟制禽肉出口创汇达7200万美元，被农业农村部评为“农业国际贸易高质量发展基地”。

除港澳地区市场，2016年起，惠州顺兴持续调研东南亚市场，已在越南、哈萨克斯坦、泰国等多国开发战略合作伙伴，先后在越南、哈萨克斯坦等地完成出口推荐注册，进一步拓展海外市场。

为对标更高的出口要求，惠州顺兴在河南省南乐县计划投资5亿元，分两期建设生态养殖园区项目和肉鸡屠宰加工项目。一期主要建设年屠宰活大鸡7000万只生产线，预计建成投产后，可年生产并配送禽肉产品10万吨，实现年销售额12亿元，年缴税收1200万元；二期主要建设健康养殖示范小区，建设育种繁育中心、育成养殖小区，采取“四良”模式进行标准化养殖，废弃物集中无害化处理，农业废弃物综合利用，预计年出栏1000万只，直接带动2000户以上农业养殖户增收。

预制菜香飘海外
新加坡市场寻发展

“港式烧腊是不少海外华侨的‘乡愁’，未来我们重点发展的熟食制品，将会成为我们开拓东南亚市场的突破口。”惠州顺兴总经理唐展曜表示，港式烧腊作为传统美食，在海外华人圈有广阔市场，接受度高，需求量大。同时，熟食制品出口要求较生鲜产品宽松，开拓海外市场更便利。

了解到企业对拓展海外市场的想法后，李懿静表示，可以利用协会和展会等资源优势为广东预制菜企业对接海外市场，“我们也希望能有更多更优秀的广东预制菜产品走出海外，来到新加坡”。据了解，粤菜作为中华美食皇冠上的明珠，卤制狮头鹅、番茄金鲳鱼、清蒸白切鸡、手打牛肉丸、菠萝咕噜肉……是全球华人，尤其是新加坡华侨华人世代传承的舌尖上的美味。

2023年4月28日，“全是拿手菜，轻松享粤味”——中国广东特色优势农产品（预制菜）新加坡专题推介活动在怡阁约克酒店成功举行，来自新加坡食品厂商联合会、中国新加坡商会、新加坡餐饮协会的主要代表，农产品（食品）采购商，大型超市负责人，澳门美食记者，美食网红，美食博主等近50位嘉宾齐聚一堂，共享粤式预制菜美味，共商中新农业贸易合作商机。

活动现场，菠萝咕噜肉、香煎金鲳鱼、潮州蒸鲳鱼、干烧虾、荔枝虾球、猪手焖栗子、盐焗鸡等十多种广东预制菜品色香俱全，供中新两国的美食爱好者品鉴。中国新加坡商会前会长、新中好友汇会长薛宝金在会上表示："很高兴广东预制菜在新加坡举行品鉴活动，面向RCEP及东盟国家开放。我们希望以新加坡作为跳板，让广东预制菜在东盟和其他RCEP国家遍地开花。"新加坡食品厂商联合会永久荣誉会长黄延辉提道："希望我们的朋友（多）从中国来这边把菜式介绍过来，能够把这好的东西（粤式菜品）再重新地发展起来，让我们新加坡有机会吃到纯正的、一流品质的、顶呱呱的粤菜。"

活动现场还派发了《广东预制菜代表企业宣传手册》，嘉宾们可从中了解到广东恒兴集团有限公司、广东雪印集团有限公司、汕头市冠海水产科技有限公司、湛江国联水产开发股份有限公司、惠州顺兴食品有限公司、广东品珍鲜活科技有限公司、韶关市星河生物科技有限公司、正大食品（广东）有限公司、广东海润发展集团有限公司等广东预制菜头部企业的主打产品及相关负责人联系方式，方便进一步对接洽谈。

出海记 · 韩国
粤味入韩　共谋发展

记者　**陈地杰**　来源　**《南方农村报》**

2023年7月25日，为推动广东预制菜产业高质量发展，中国广东特色优势农产品（预制菜等食品加工）韩国专题宣传推介活动在韩国首尔汉江边进行。韩国行业协会及商会代表、餐饮从业人员、行业精英及媒体代表等齐聚一堂，共同推动广东预制菜走入韩国市场。

产销对接
强强签约打开新市场

广东品珍控股集团有限公司、开平市旭日蛋品有限公司、湛江国联水产开发股份有限公司等食品加工企业现场与韩国大型商超流通企业签约，达成意向合同额预计50亿韩元（约合人民币2787万元）。

“我们也希望通过协会与韩国优秀企业合作，将韩国的产品推向广大中国市场，实现合作共赢。”中韩丝绸之路国际交流协会会长李先虎表示，2023年是“一带一路”倡议提出十周年，也是中韩建交31周年，中韩互为重要的贸易伙伴，在双方共同努力下，两国经贸关系快速发展。其中，农产品贸易是中韩两国经贸合作的重要组成部分，2015—2021年，中韩农产品贸易额由52亿美元增至67.4亿美元，年均增长4.4％。2023年，广东预制菜首次登陆韩国，将为推动中韩两国农业贸易合作往来、助推食品加工产业高质量发展打下坚实基础。

行业对话
共谋预制菜在韩发展

广东省米粒数字科技有限公司、生生农业集团股份有限公司、广东恒兴集团有限公司、湛江国联水产开发股份有限公司、广东品珍鲜活科技有限公司、开平市旭日蛋品有限公司、广东天农食品集团股份有限公司等食品加工企业代表在现场致辞，并同国外采购商、媒体等代表交流，共谋发展，共同开启韩国预制菜行业的新篇章。

“作为中国预制菜产业的策源地，广东正在大力构建具有全国乃至全球影响力的预制菜全产业链研发平台，在此基础上，企业将继续通过线下品鉴交流活动加强对海外消费群体的推介。借助国内外主流媒体，讲好中国故事，打造广东预制菜品牌。”活动期间，预制菜出口贸易企业代表、广东省米粒数字科技有限公司负责人赖科谋展望广东预制菜在韩的发展前景。

品鉴美食
粤味臻品征服韩式味蕾

菠萝烤鱼、香煎金鲳鱼、潮州蒸鲳鱼、干烧虾、荔枝虾球……湛江国联水产开发股份有限公司、广东品珍鲜活科技有限公司、开平市旭日蛋品有限公司等预制菜企业在现场准备了琳琅满目的广东特色预制菜，奉献了一场舌尖上的盛宴，成功“击中”韩国消费者的味蕾，获得不少宾客点赞。

本次活动得到央视（首尔支局）、新华社韩国分社、中新社（首尔）、韩国联合通讯社、亚洲经济日报、韩国食品产业经济新闻、在韩中国同胞经济人联合会、韩国农食品流通公社、韩国餐饮中央会、韩国E-Mart、（株）NOBrand、CJ流通、GS流通、韩国东元集团、东北亚流通、（株）国际食品、东星食品、圆昌食品、（株）erom、（株）coupang等各大媒体报道和关注。

出海记·声音

华人餐馆：希望预制菜品能因地制宜

记者 林晓岚 来源 《南方农村报》

“在加拿大，从中国大陆过来的新移民和留学生众多，他们的美食记忆因远离祖国而更加深刻。谁能满足他们的舌尖需求，谁就能获得成功。”说起美食和餐饮业，尹俐骄在镜头前侃侃而谈。

15年前，尹俐骄随家人从中国搬到加拿大，完成了大学学业，以及成家立业、结婚生子等人生大事。6年前，她和丈夫一起创业，在华人众多的加拿大滑铁卢开了一间拉面馆。因为豪爽实诚的性格，加上对餐饮行业的敏锐观察，尹俐骄成为当地华人圈里颇有名气的餐饮老板。

滑铁卢是加拿大的“科技三角洲”，有着加拿大“硅谷”美称，一直吸引着来自世界各地的人们。店面位于著名的滑铁卢大学旁，客源稳定，生意火爆。拉面馆每天都营业到晚上12点，这个打烊时间，在滑铁卢这座城市很不寻常。

“我知道现在广东预制菜发展特别好，有国联、恒兴等众多广东预制菜龙头企业，我还知道现在广东正在大力发展年鱼经济。”对于国内火热的预制菜，尹俐骄了如指掌。她笑着说，在这个行业有不少朋友，看他们的朋友圈，就能知道很多国内势头很好的行业发展情况。

“之所以对预制菜感兴趣，第一肯定是想赚更多的钱，第二是想让海外华人，包括外国人都能吃到正宗的中国美食。”尹俐骄说，和国内火热的预制菜产业相比，在加拿大吃饭显得有点单调，而且越来越贵，“吃来吃去都是那几样。”

站在拉面店的窗口前，尹俐骄指着招牌上的菜名表示，目前拉面店不仅有拉面，还有很多炒菜。如果有合适的预制菜替代，既能增加口味，又能节省成本，何乐而不为?

在拉面馆的食客中，有不少洋面孔。尹俐骄说：“他们很喜欢中餐，尤其喜欢广东菜的一些做法。”她希望广东预制菜企业能因地制宜地开发一些适合加拿大人口味的食品，“希望预制菜能早日进入滑铁卢，早日端上华人餐桌。”

出海记·声音
多伦多华人超市：广东预制菜紧俏

记者 **林晓岚** 来源 **《南方农村报》**

加拿大有不少亚洲超市，这些商超拥有大量从中国大陆进口的食物。其中，广东预制菜尤其受欢迎。

阳光超市是多伦多著名的华人超市。在超市里，预制菜数量多，类型多元。超市的顾客中，超三成是西方人，近七成是华人和韩国顾客。“‘宅经济’和预制菜产业迅速发展，现在超市里的预制菜卖得非常好。”阳光超市集团董事长陈凯表示，广东预制菜大大便利了上班族和留学生等群体。

大统华是加拿大最大的华人超市。春节期间，大统华上架了各式各样的年货。在滑铁卢的一间大统华超市内，整个春节期间顾客盈门，埋单的长队常常要排上百米。很多来采购年货的华人顾客的推车里，都有预制菜产品。超市中，摆放预制菜的冰柜放在最显眼的位置。据大统华CEO李佩婷介绍，除了传统的年糕、年糖、坚果、干货外，线上超市很早就推出了方便在家制作的半成品预制菜，以及各类鲜活海鲜，下单后当日就能送达，很受消费者欢迎。

出海记·声音
韩国前女团成员：期待回国也能吃到广东预制菜

记者 陈地杰 张伊钿 来源 《南方农村报》

“好鲜美！尝起来像是韩国的人参鸡汤！”尝完广东清远鸡预制菜品，韩国前女团（女子团体）成员HIKI惊叹。

2023年7月25日，中国广东特色优势农产品韩国专题宣传推介活动举行。HIKI作为“美食星探”，实地探访广东省农产品出口示范基地企业、国家级农业龙头企业广东天农食品集团股份有限公司，尝鲜广东预制菜。

一份让韩国友人倍感亲切的鸡汤如何制作而成？

“上午宰鸡，下午包装，晚上运输，确保鸡肉新鲜美味。”天农公司负责人刘聪说。

制作美味鸡汤的第一要义便是新鲜优质的鸡肉。天农食品加工车间，自动化流水线与熟练的工人合作成为“大厨”，脱毛、自动化净膛到预冷、分级、包装等，天农对每一环节都严格把控。刘聪介绍，天农清远鸡鲜品采用气调包装，保鲜时间可达6天，延长了货架期；

韩国前女团成员HIKI（左）打卡广东天农食品公司

清远鸡冻品采用液氮锁鲜技术，保质期可达12个月，经过液氮锁鲜的鸡只解冻后还能保持鸡肉的口感和营养。

拆开包装袋，将食材混合拌匀便可以直接食用，不需要另外调配酱料，十分钟便能得到犹如新鲜出炉的手撕鸡、鱼皮捞。“快捷方便美味，这就是广东预制菜的魅力。”刘聪表示，广东饮食文化独特丰富，让更多的人以最方便的形式吃上广东菜是传播饮食文化的关键，而方便快捷的预制菜恰好可以做到这一点。目前，天农已推出20多款预制菜产品。其中，凤中皇8分钟靓鸡汤成为电商爆款。为提高产品附加值，天农与百元以下鸡类预制菜进行差异化竞争，将鲍鱼、海参等高端食材与清远鸡相结合，推出花胶鸡煲、海参干贝鸡煲等。

“滋啦滋啦”，刚解冻的盐鲜鱼扒下锅，发出诱人的声音，HIKI忍不住弯下腰将香气揽入鼻中。这份鱼扒是生生农业集团的笙笙创鲜品牌的主打水产预制菜。笙笙创鲜的预制菜品品类众多，有免处理直接烹饪的鱼片、鱼扒，即食的鱼饼、鱼干，还有速食的鱼面、鱼羹。

广东特色菜品种类丰富，涵盖畜禽、水产、食用菌等多个产业。目前，广东企业推出丰富多样的预制菜品，恒兴鲜虾、一夜埕金鲳鱼、风味烤鱼、麻辣小龙虾、御鲜锋酸菜鱼、潮卤狮头鹅、“天下一盆”大盆菜、速冻免洗净菜（青菜）、粤式白切鸡、潮州牛肉丸等粤式预制菜颇受市场欢迎。

“希望早日在韩国吃到广东预制菜。”HIKI对广东预制菜走进韩国充满期待。

出海记 · 声音
北美消费者：至中意这样的预制菜

记者 **林晓岚** 来源 **《南方农村报》**

近年来，美味又方便的广东预制菜在海外市场大受欢迎，外媒记者在北美华人社区的超市、餐馆和街头进行了视频采访，来看看海外消费者怎么说。

超市老板：广东预制菜受欢迎

疫情这两三年，预制菜被越来越多人接受，其中就包括很多洋面孔。我们超市就销售了很多预制菜产品。来自广东的预制食品大大便利了不会做饭的人，也更有利于在加拿大推广广东菜。

——陈凯（加拿大多伦多地区阳光超市集团总裁）

留学生：对广东预制菜充满期待

我不会做饭，也觉得麻烦，平时就点外卖，现在超市里有卖预制菜就挺好的，回去用空气炸锅或微波炉一加热就能吃，还挺不错的。我特别喜欢广东菜，爱喝广东的汤，对广东预制菜充满期待。

——来自湖南的女留学生

餐馆负责人：预制菜是餐饮行业的福音

预制菜是指将各种食材加工成半成品，经预处理后就可以食用的食品。广东预制菜方便，又能保持家乡风味，是我们从事餐饮业的行内人士的福音，可以让更多加拿大华人品尝到家乡的味道。

——华人餐馆聚龙轩负责人

中餐馆厨师：预制菜保证出品稳定

预制菜来到加拿大，对我们厨师的帮助很大。它的出品又快又好，保证我们的出品质量稳定，希望广东预制菜能丰富我们加拿大华人社区的饮食，这是迟到的家乡的风味。

——中餐馆华人厨师

出海记 · 声音
对话多伦多业界

记者 **陈地杰 林晓岚** 来源 **《南方农村报》**

当地时间2023年2月4日，中国广东特色农产品（预制菜）品鉴交流会在加拿大多伦多举行。在活动中，加拿大商会代表、投资界人士、阳光超市总裁、国联水产代表、恒兴集团代表等，进行了两场圆桌论坛，分别就对居民生活的影响、预制菜产业的发展趋势和未来规划等议题各抒己见，在充分肯定预制菜产业发展方向的同时，对预制菜开拓北美市场，提出了不少中肯建议。

市场前景如何？

留学生和上班族是主要受众群体

阳光超市集团董事长陈凯：广东预制菜在加拿大市场的需求会很大，它的受众非常广，尤其是留学生、上班族等群体。他们放学、下班后不想煮饭，预制菜能很好地为他们提供便利。目前，我们在市面上看到的预制菜品类越来越多，未来我们会专门为广东预制菜开辟一系列航道，让客户、消费者更容易选择心仪的产品。

依托线上平台“带火”预制菜

小红车联合创始人、Steer运营总监Seb：预制菜的受众多是没时间或不想做饭的群体，而小红车的客户群体恰好大部分属于该类型，因此若依托平台举办相关线上活动，预制菜的知名度很快就会在加拿大传开。接下来我们也希望通过与外卖结合“带火”预制菜。

预制菜是将广东菜带到海外的最佳载体

加拿大中餐及酒店管理协会理事、李锦记代表Mann Li：粤菜是中国传统菜系之一，广东也是饮食文化底蕴深厚的地方，菜品丰富多样，能够为餐饮行业提供更加多元化的选择，将广东菜带到海外最好的载体便是预制菜。作为一个酱料供应商，我们接下来会致力于跟各个预制菜供应商一起研发，以提供更多的菜品，我相信这将是行业里面非常好的机遇。

预制菜进入北美有着广阔前景

加拿大新华会长杨海峰：我做社区工作多年，跟各个阶层的华人都有接触，大家对于预制菜的反馈都很积极，不少人认为它是食品行业的革命。对于不少家庭而言，预制菜省时省力，食品安全有保证，解决了食材存放的后顾之忧。加之，现在许多华裔都对中国文化和食品感兴趣，所以预制菜的市场会越来越大，尤其在北美地区会有广阔的前景。

面临怎样的机遇和挑战？

海鲜是主要投资方向之一

加拿大知名投融机构SOTTI创始人William Chai：预制菜在加拿大推行是一件非常重要的事，未来当地的连锁店会上架越来越多预制菜，前景一定是好的。从上游角度来看，我们目前更倾向于投资海鲜，海鲜通过提供优质蛋白，为人们的健康提供保障。

消除对中餐的误解很重要

K&A医疗集团董事长Marc Kealey：中国文化在加拿大的发展很迅速，不论是语言、艺术还是文化，并且加拿大拥有庞大的留学生群体，因此中国预制菜在加拿大有很大的市场空间。预制菜要进入加拿大市场最大的挑战，便是如何消除部分人对中餐的误解。在加拿大，甚至有不少本地人以为鸡肉球就是中餐，但事实并不是这样的。如何将中国文化与预制菜相结合，让当地人认识真正的中餐，是打开预制菜加拿大市场重要的一步。

餐酒搭配推广预制菜

艾文图酒庄总裁张文智：加拿大有许多酒庄，每年有众多游客前往游玩，大家会去那里品酒，而目前还没有特别多的用于品酒的食品，我们可以借此推出简单快捷的食物做餐酒搭配。此外，预制菜可以和药食同源理念结合，十分具有市场潜力的。

像吃比萨一样习惯与方便

恒兴、国联等广东预制菜企业代表：看到加拿大政府用开放和支持的态度来对待广东预制菜，我们企业增加了更大的信心。我们已经有金鲳鱼、佛跳墙等产品在加拿大各大超市销售，也正在研发更多产品。希望不只是为华人服务，也为其他海外消费者服务，让他们吃预制菜像吃比萨一样习惯与方便。

全美最受欢迎的十款广东预制菜

来源 **中餐通讯**

“广东预制菜走进美国”品鉴交流系列活动在美国举行，带来广东预制菜热潮。美国《中餐通讯》趁机推出“最受美国中餐馆、消费者喜爱的广东预制菜评选征集活动”，超过60万名喜爱中餐美食的美国消费者参与投票，评选出最受欢迎的十款广东预制菜品，其中包括鲍鱼花胶鸡、鱿鱼富贵花卷、潮汕牛肉丸、白切鸡、菠萝烤鱼、酱香牛蛙、清蒸金鲳鱼、广州酒家包点、香煎金鲳鱼、罗定豆豉鸡。

罗定豆豉鸡

罗定豆豉鸡是一道色香味俱全的传统名菜。家养的罗定三黄鸡，肉嫩皮滑，味道鲜美，肥而不腻。罗定豆豉，是豆豉中的上品，松香酥化，滋味醇厚。精巧的刀工切出适宜的肉块，姜葱蒜的最佳比例让鸡与豆豉的鲜与醇肆意挥发。罗定豆豉鸡以31.7万票位列榜首。

广州酒家包点

粤式饮食文化源远流长，对于老一辈的广州人而言，“一盅两件”的早茶美食已刻在骨子里。广州酒家预制菜，包括凤凰流沙包、叉烧小笼包、手工虾饺皇、红糖手撕馒头、黄金糕、鲍汁凤爪、虾仁干蒸烧卖等，放入电饭煲加热几分钟即可。

潮汕牛肉丸

不养牛的潮汕人对传统的“捣珍”技法进行改良，用两根特制方槌将牛肉捶成肉泥，加入水、淀粉、盐等适量佐料，手掌用力搅挞、揉拍后，手挤成丸并在温水中煮定型，形成潮汕手打牛肉丸独特的制作技艺。经过千锤百炼的牛肉，肉中带筋，Q脆弹牙，汁水饱满，一口下去，唇齿生香。方便快捷的潮汕牛肉丸适用场景多，积累了大批受众，成为线上预制菜中的爆款。

鱿鱼富贵花卷

此道菜原材料采用汕头市冠海水产科技有限公司的精选鱿鱼，鱿鱼鲜嫩多汁，Q弹有嚼劲，片片弹牙。这道考验刀工的菜由于有了厨房工艺大师的加持，解决了烹饪者的烦恼。在原有的基础上将鱿鱼做成花卷形状，增添了趣味性。

鲍鱼花胶鸡

广东品珍鲜活科技有限公司旗下的“鲍鱼花胶鸡”，甄选连江大鲍鱼，口感厚实，味鲜无穷；深海鳕鱼胶，营养丰富，厚实大片；秘制的浓郁金汤，由散养土鸡、上排、筒骨等食材经过12小时精熬而成，武火熬汤，文火入味，在保留花胶鲍鱼鸡鲜美醇厚口感的同时，优化了营养配方和食用方式。

清蒸金鲳鱼

作为传统的粤菜，“清蒸金鲳鱼”保留了金鲳鱼所含的营养物质，保留了金鲳鱼肉鲜甜的口味。恒兴集团提供的金鲳鱼在传统粤式菜上进行了改良和升级，不仅保留了活鲜金鲳鱼的鲜度，还在此基础上改良了肉质结构，使得食用口感更加滑嫩。消费者只需要在成品的基础上，用5分钟解冻，6分钟蒸熟，即可品味到粤菜的海鲜风味。

香煎金鲳鱼

金鲳鱼身披金甲，身上闪烁着冷冽的光，贵气逼人，肉质爽滑鲜嫩，深得古今饕餮客们的欢心。恒兴集团的金鲳鱼在传统粤菜上推陈出新，通过科学养殖技术，实现肉质改良，鱼肉洁白无渣，醇厚滋味缠绕舌尖。消费者只需要在成品的基础上，用5分钟解冻，6分钟蒸熟，出锅前来上一把葱丝，“呲啦”一声，在一勺热油的激发下，香气四溢，一道美味就上席了。

白切鸡

预制菜“白斩鸡”通体雪白、汁水充盈、皮质柔滑，以原汁原味为基础，在加工过程中尽量保留鸡肉本身的鲜美和口感。其肉质细嫩，口感鲜美，略显清淡的鸡肉味道与微甜微辣的葱姜汁调味相得益彰，吃起来清新、爽口，不油腻。

菠萝烤鱼

这款来自国联水产的菠萝和烤鱼的组合经过了研发团队上百次的调配改良，将菠萝独有的酸甜多汁与烤鱼的鲜嫩焦香融合，淋上熬煮1小时的冬阴功猪骨汤底，独特出新。清甜微酸的菠萝让鱼肉中的蛋白质释放出肉类的鲜香之余，还使鱼肉拥有更加嫩滑的口感。甜味、酸味、辣味达到三角平衡，鱼的鲜美更为突出。

酱香牛蛙

牛蛙营养丰富，肉质紧实而不失鲜嫩。冻蛙口感复原程度达到鲜蛙的90%以上，加上独特的酱料包，简单烹饪即可上桌。酱香牛蛙的味道麻辣鲜美，嫩滑的蛙肉在炭火的加持下，充分吸收自制的酱汁。芝麻、陈醋、小米辣等调制而成的蘸料为蛙肉多增一层风味，解腻爽口。蛙肉的下面还藏着由花菜、豆芽、土豆、丸类等组成的配菜，丰富了蛙锅的内容。

方家观察
贰

马洪涛：
会展经济助力农业精品品牌打造

马洪涛　农业农村部农业贸易促进中心主任

有关中国农业品牌全球推广的实践案例

这几年，农业农村部农业贸易促进中心（简称“贸促中心”）坚持服务大局、服务地方、服务产业，致力于为我国特色优质农产品搭建高水平国际展销平台，助力中国农业品牌走向全球。

一、境外展——以意大利国际果蔬展为例

2023年5月3—5日，第40届意大利国际果蔬展在意大利里米尼市举行。在农业农村部国际司和市场司的支持下，贸促中心组织率领中国农业国家展团参加了本届展会，出席开幕仪式和相关活动。作为疫情后中国国家展团在欧洲果蔬行业的“首秀”，本次国家展团表现亮眼，收获了丰硕的“成绩单”。

一是嘉宾云集，国家展团闪耀欧洲专业展会。意大利国际果蔬展是欧洲及地中海周边地区规模最大、最具影响力的国际性专业展会之一。本次展会又正逢其40周年，意大利总统亲临现场，意大利农业部长、外交部副部长以及多国驻意大使、农业贸易领域多名高级官员、众多企业高管出席展会开幕式。贸促中心组织中国农业企业重返国际行业展会，充分展示了中国农产品开拓国际市场的实力和信心，受到主办方的高度重视和业界热烈欢迎。意大利农业部长在开幕致辞中专门向中国展团表达敬意和谢意，展会期间，圣马力诺国土、环境、农业部长，意大利外交部多名司局长，展会主办机构总裁等重要嘉宾先后到访中国展台交流。中国展团前一直人流攒动、嘉宾云集，成为现场一道靓丽的风景线。

二是琳琅满目，国家展团“吸力”强劲。中国国家展团展区面积300平方米，是全场最大的国家展台，共有来自内蒙古、河南、湖南、广东、广西等5个省区的26家企业参展。展品十分丰富，不仅有南宁火龙果、徐闻菠萝、乌兰察布马铃薯、灵宝苹果等品牌农产品，还有大蒜、香菇、生姜等我国传统优势出口产品，同时还展示了果蔬加工、预制菜等领域的前沿产品，种类丰富，独具特色，吸引7000多名专业买家及观众驻足洽谈。

三是对接交流，参展企业收获满满。展会首日，中国展团举办了“中欧果蔬对接交流活动”，展会举办地市长和展会主办方机构总裁出席并致辞，河南省农业农村厅带队领导作推介演讲，五个省区的企业代表现场推介特色农产品，30多位意大利企业及商协会代表参加交流活动。现场气氛热烈，原计划是到9点结束，但最终延迟到10点半。截至目前，多家参展企业已达成实质性出口订单。湖南和利兴公司在展会第一天即达成了红薯、莲藕、冬瓜、杨梅、芋头等多个果蔬产品出口意向，第一批子姜产品已发往西班牙，另外英国、荷兰客商也已明确下单。

对组织者来说，这次参展首先是为了开拓意大利及欧洲市场。其次，通过展会，也可以观察和学习欧洲以及其他国家和地区的优质农业产品及先进技术，更好提高中国农产品国际竞争力。同时，我们也积极推介中国农业国际展会，邀请国外优秀农业企业来中国参展，增加国际上对中国农产品的了解和接受度。

二、境内展——以食博会预博会为例

2023年3月24—26日，在农业农村部市场司和中国贸促总会的支持下，我中心在广东东莞举办第七届中国国际食品及配料博览会及首届中国国际预制菜产业博览会。我想用五个“新”来概括这次展会。

一是展览规模创新高。全国31个省（区、市）以及全球20多个国家和地区的1000余家企业实地参展，展区面积达4万平方米，其中特装展位占比达88%。国内外1000余家专业采购商和投资商踊跃参会，线上线下近5000万人次观众看展。

二是展会设计立意新。创新设置八大展区，覆盖农食产品及预制菜全产业链各环节。30多项系列贸促活动、12场地方专场推介会、国贸基地推介会、贸易投资洽谈会等等，让每个参与者都有所收获。

三是务实合作开新篇。线下促成数十个项目签约，地方展团成果丰硕。和大家分享一个小故事，在赴展会的高铁上，湖北钟祥兴利食品股份有限公司和浙江下饭郎食品公司的代表因一碗自热“茶香米饭”结缘，路上就已达成订单，到站已经收到订金。一碗香米、一次机遇、一段佳话，展会带来的机遇不可替代。

四是共谋行业新机遇。同期围绕预制菜贸易发展举办系列研讨、预制菜产业发展与乡村振兴培训班等多场活动，政府领导、专家学者、企业代表会聚一堂为预制菜高质量发展建言献策。

五是矩阵宣传新维度。食博会预博会吸引近40家国内外媒体、130余位记者到场，实现政务、经济、农业全方位宣传。中央电视台中文国际频道、农业农村频道对展会进行播报，央视网特设“产业观察·食博会”专题板块，农民日报、中国农村网、中国贸易报、学习强国等持续跟踪报道，阅读量累计超800万次。展会直播观看总量超700万人次。自媒体宣传成绩亮眼，仅新疆优质农产品产销服务中心“贺娇龙”账号发布的7条展会视频累计播放量就有1000万次以上。

关于中国农业品牌全球推广的思考

习近平总书记多次对品牌建设作出重要指示，强调要“做强做大民族品牌”。讲好中国农业故事，推动中国农业品牌跨出国门、走向全球，是我们贸促中心的职责使命。基于中心在农业品牌全球推广的探索和实践，以及多年的研究分析，我们的一些思考主要有：

一、赋予农业品牌文化内涵，讲好中国农业故事

文化内涵是品牌核心要素之一。植根中国传统文化去挖掘、提炼具有中国特色的文化元素，赋予农业品牌文化内涵，是讲好中国农业故事的应有之义，尤其是在国际舞台上。贸促中心历来重视吸收和融合中国传统文化元素，基于中国人自古以来所追求的天人合一的自然观，以“在农田里，在山水间”的立意设计境外展国家展团的统一标识。在“国际茶日”，以茶人讲述茶故事，以茶俗叙述茶历史，以茶具印证茶文化，贸促中心借助茶叶高度凝练的文化意象，在诠释“和而不同，美美与共”中华茶文化的同时，进一步带动茶贸易发展。

二、综合赋能农业品牌建设，培育优质品牌主体

改善出口主体单打独斗、分散经营、各自为阵的局面，通过规模效应、资源互补、信息共享等打造出具有良好口碑和市场认知度的品牌舰队，可以让中国农业品牌持续健康发展。这几年贸促中心充分发挥部境外展会工作促进委员会办公室和国贸基地管理专班职能优势，围绕国家展团和国贸基地这两支优质的品牌主体队伍，综合运用政策扶持、资源倾斜和定向服务等手段赋能其品牌建设，提供了出口商品品牌认证认可、国际商标注册保护指导、出口企业营销能力建设、片区交流活动、品牌国际传播等各项服务，集中力量将国家展团和国贸基地打造为农产品出口领域的“金字招牌”。

三、自主打造国际展会平台，展示中国农业品牌

组织企业走出去的同时，也要苦练内功。贸促中心一直重视培育农产品自主展会，充分发挥政府服务职能和资源整合能力，打造具有充分主导权、贴合我国农产品的综合性展示平台，为中国农业企业和品牌提供更多的国际性展览展示机会。除食博会外，贸促中心还主办中国国际渔业博览会，至今已举办25届，是目前全球展出规模最大的水产贸易展览会；中国国际薯业博览会，今年将是第13届，致力于打造单一作物的亚洲最大田间展。这两个展会都将在下半年与大家见面。MACFRUT（意大利国际果蔬展）迄今已举办了40届，充分说明持续举办才能成功打造一个优质的、业界高度认同的专业展会。

四、精准把控目标市场需求，提升品牌推广成效

对目标市场需求的把控决定了品牌推广成效。全面收集一手贸易数据和前沿行业信息，辅以专业研究分析，提前探查出农产品贸易中隐藏的市场信号，可以为我国农业企业率先把

握优势地位提供助益。数据显示，2022年中国香港和日本分别是我国内地前二农产品出口市场，西班牙、意大利、俄罗斯等也是我国重要的农产品出口市场；水产品、蔬菜、水果、畜产品和饮品是我国前五大出口农产品。基于此，贸促中心审慎选择了日本东京食品展、西班牙水产展和意大利果蔬展作为2023年境外展首选，2023年下半年组织参与香港美食博览会、中国农业品牌全球行迪拜站等国际性展会，帮助参展企业尽可能触达有效目标客户。

五、创新农业品牌推广方式，拓宽品牌推广渠道

贸促中心始终坚持创新中国农业品牌全球推广形式，经过多年积极实践基本形成了一套成熟高效的矩阵宣传工作模式。一方面与各大媒体、国外贸促机构及商协会等开展广泛合作；另一方面，积极探索“互联网+”形式，在横跨传统媒介之余，拓展包括微信公众号及微信小程序等多种多样的丰富渠道，在多项境内外展会及具体品牌推介过程中发挥出了突出效果。创新推行“代参展”模式。当然最重要的还是组织实地参展，进行面对面交流，“100封邮件抵不上一次见面”。

中国农业品牌全球推广任重道远

中国农业品牌全球推广，需要各方革新观念、发挥优势、整合力量、共同推进。贸促中心将在市场司的统筹和指导下，围绕三个关键词开展下一步工作：

一是持之以恒。品牌培育需要持续打造和时间积淀，系统性培育和推进农业国际知名品牌。

二是务实服务。将“我为群众办实事”的要求贯穿于中国农业品牌全球推广全过程，精心打造渔博会、食博会、薯博会等国际化、数字化展会，办好“国际茶日·大使品茶”“中国味道·全球推广”等品牌活动，挖掘农业国际贸易高质量发展基地企业出口潜力，培育一批具有国际竞争力的贸易双循环企业，组织中国展团境外参展，紧密结合地方诉求，切实服务地方和企业的品牌建设。

三是推动发展。坚持出发点和落脚点始终围绕产业兴旺和农民增收。积极落实中央一号文件精神，以预制菜等农食产品贸易发展为重点谋划开展品牌全球推广活动，加强同各国农业部门、国际组织、国外商协会的理念沟通、活动对接、合作谋划，推动构建农业产业“双循环”发展格局，为加快建设农业强国、全面推进乡村振兴贡献贸促力量！

（来源：国家农业市场研究中心）

孙宝国　刘泽龙　李健　王静：
“双循环”新格局下食品营养与健康产业发展策略

孙宝国　中国工程院院士，北京工商大学教授、博士生导师，中国食品科学技术学会理事长

刘泽龙　北京工商大学教授、硕士生导师

李健　北京工商大学教授、博士生导师

王静　北京工商大学教授、博士生导师

我国正在逐步形成以国内大循环为主体、国内国际双循环相互促进的新发展格局，以促进经济社会高质量发展。同时，国际形势变化加剧，要求国内产业积极参与国际循环，主动开展价值链、需求链的转型升级。

立足“内循环”
构建基于国民健康基础信息的食品技术体系

要通过研究我国不同地域人群的结构性膳食模式，建立膳食营养素需要量数据库、食物基础营养素与功能活性物质数据库、食物消费信息数据库、公众营养健康数据库及科学证据数据库。阐明食物营养成分、功能因子对人体肠道微生态和靶基因表达的影响；阐明食品成分、功能因子之间的协同作用及其健康效应；研究传统膳食、营养与健康之间的相互关系；利用膳食因子对肠道微生态及肠道代谢环节的干预及重塑，寻找通过调节膳食改善机体健康状态的途径；基于大数据及循证依据，建立一套科学系统的食物营养品质评价方法与标准体系。

围绕食品营养健康、绿色制造、高效利用的战略需求，根据不同年龄与健康状况人群的生理状态、代谢特征和营养需求等差异，重点研究全生命周期营养健康食品的精准化功能及配方设计；系统地解析脂质、蛋白、多糖等食品组分对营养和健康的影响，包括与慢性病发生发展的关系和机理；挖掘大宗食品资源的新型营养与功能；掌握食品成分对功能因子活性的影响及在食品加工中的动态稳定监控技术；构建食品功能因子的高效载运体系；结合食物营养成分与个体健康等大数据，运用适当的机器学习算法，建立适用不同人群和个体的食品精准营养设计智能化模型，实现更加精准、有效、安全的营养支持。

从地方传统食品、少数民族食品，药膳、药食同源资源，南药、藏药等药用植物资源中发掘具有传统性和传承性内涵的新食品原料，挖掘对丰富食物链营养资源贡献较大的结构脂、谷物胚芽、糊粉层、薯类蛋白、油料饼粕、功能性低聚糖、新型多酚及黄酮类物质等新食品原料，从国外长期食用和批准使用的原料中挖掘可适用于我国居民健康的新食品原料。推进利用重组技术，制备具有特定结构和功能的结构脂、低聚糖、蛋白肽等食源性原料或配料，丰富原料品种、功能或功效。

应用现代食品加工新技术，实现高价值食品原料和加工副产物资源的梯度增值利用和开发，系统开展粮油、果蔬食品、乳、肉、蛋等食品的高值化和营养化加工关键技术及特色资源高效开发利用研究。开发功能特性明确、消费者接受程度更高的营养与健康食品，重点开展富含营养功能因子食品的新型工艺和质量控制技术的研究及集成，研究开发产品质量可控、环境友好的清洁生产工艺。

产业多元化发展
促进“内外双循环”

一是强化主导品类品牌并寻求增量市场。稳定运动营养、肠胃营养等产品的主导地位，促进睡眠改善、特殊人群营养类产品的开发，释放潜力市场。在运动营养品类中，推动膳食补充剂型饮料、氨基酸类产品的发展；在肠胃营养市场中，紧跟益生菌、低血糖生成指数食品等品类的发展趋势。国产品牌不仅要在以上领域中应发掘自身优势，改变海外品牌占据优势的局面，还应在提升免疫力、骨骼营养及心脑血管、儿童营养等小众功能市场进一步释放潜力，推动市场快速增长，以满足消费者在营养领域不同的需求。

二是注重开发个性化食品。将可再生原料转化为重要食品组分、功能性食品添加剂和营养化学品，解决食品原料和生产方式过程中存在的不可持续问题。基于食物营养、人体健康、食品制造大数据，靶向生产精准营养与个性化食品。在解决全球食物供给和质量、食品安全和营养等问题基础上，开发以植物基食物为代表的“更安全、更营养、更方便、更美味、更持续”的未来食品，满足人民对美好生活的更高需要。

三是建立作物营养强化原料示范基地。以人体营养学理论为指导，以培育富含微量营养素的新品种为核心，实现有益营养物质在作物可食用部分的特异性积累，提升生物利用率。

强化新品种的资源调查和选育，并在相关标准下开展，同时结合目标人群及其食物消费种类和营养需求；分析环境因素在种植栽培、生长发育、加工过程中对营养素及生物有效性的影响；对营养强化新品种开展释放、市场推广普及、社会经济效益评价。根据营养功能因子原料的需求，筛选适宜的功能种植区，建立一批高标准、绿色、生态的功能性原料示范基地。

四是加强技术、知识、健康需求、物流等信息共享，精准对接供给和需求。利用人工智能、大数据等新一代信息技术，结合生命科学研究，发展营养健康大数据产业，为个体提供个性化营养检验检测、合理膳食建议、营养食品组件及定制化配方食品等，并结合健康营养心理学评测提供综合健康管理服务。推进食品加工智能工厂、食品绿色智能供应链等智能生产系统技术集成应用示范，建立电子商务、物流与车联网、互联网物流园区。推动现代食物与营养健康产业、社区康养服务、生鲜电商与冷链宅配等新产业与新业态的协调发展。

利用好“两个市场、两种资源”
提升产业全球影响力

要引导产业基金、产业资本与金融资本在营养健康食品行业开展有序投资，尤其是在产业链高端环节。充分利用好我国完整的产业链配套优势，让更多的食品营养与健康企业积极参与国际市场竞争与出口创汇；同时食品原料出口型企业也需从低附加值贸易升级，通过更高水平“走出去”，提升企业国际竞争力。建立多元化进口渠道，分散国际贸易环境的不利影响，通过引进全球高素质食品营养与健康产业要素赋能国内大循环；引进优质跨国公司，充分发挥其在技术、业态、模式等方面的创新带动作用，提升产业链水平。加强食品营养与健康领域的国际科技合作，互通有无，推进国际联合办学，构建多元化智力循环网络，促进商品流、资金流、物流、技术流和知识流的国内外循环。

面对国际形势的不确定性，我国在大豆和鱼粉方面的突破点为：在大豆方面，积极推动进口来源地多元化，除了传统出口大国外，还要增加从“一带一路”沿线国家进口，确保进口供应稳定；加大我国在大豆主产国种植基地、主要物流港口设施的投资建设，增强对国际大豆产业链供应链的掌控能力；充分利用期货市场规避市场风险，争取更多的国际市场话语权；继续实施国产大豆振兴计划，完善大豆生产者补贴和轮作补贴政策，持续提高良好大豆品种对生产的支撑能力，发展带状复合种植技术和模式，加强相关农机装备研发，提高大豆生产机械化水平。在鱼粉方面，加快提升国内鱼粉生产工艺和干燥设备等加工机械的性能，增强鱼粉生产能力，稳定鱼粉品质；联合攻关和开发如昆虫蛋白、植物蛋白、单细胞蛋白和功能蛋白等新型饲料蛋白源并进行高效利用，去除抗营养因子，提升饲料的安全性、品质、适口性等，进一步扭转鱼粉大量依赖进口的现状。

（来源：《中国工程科学》）

刘艺卓　田志宏　赵学尽　孙东升：如何打好农产品对外贸易这张牌？

刘艺卓　商务部国际贸易经济合作研究院研究员

田志宏　中国农业大学经济管理学院国际农产品贸易研究中心主任、教授

赵学尽　农业农村部贸易促进中心联络合作处处长

孙东升　中国农业科学院农业经济与发展研究所副所长

农产品贸易是我国“三农”工作特别是农业对外合作工作的重要组成部分。2023年中央一号文件指出，发挥农产品国际贸易作用，深入实施农产品进口多元化战略。《经济日报》理论部主任、研究员徐向梅主持会谈，邀请专家围绕相关问题进行研讨。

我国农业加速融入国际市场

主持人：农产品贸易对农业农村发展有何意义？自2001年加入世界贸易组织以来，我国农产品贸易发生了哪些变化？

刘艺卓（商务部国际贸易经济合作研究院研究员）：农产品贸易是我国对外贸易的重要组成部分，是统筹利用农业国内国际两个市场两种资源的必要手段，是畅通农业领域国内国际双循环的关键枢纽。

优化农产品进出口结构，增加高技术含量和高附加值农产品在进出口中的比重，有助于推动农业转型升级。一方面，扩大优质种子种苗、先进技术装备、安全高效农药化肥及高端农产品进口，将更好满足国内消费和农业产业升级需求；另一方面，优化出口农产品品质、包装、储运等标准，提高产品出口附加值，有助于提升我国农产品国际竞争力，推动农业向全球产业链价值链高端迈进。

农产品贸易是助力农民增收致富的重要抓手。尤其是对于以农业为主导产业的部分中西部地区，优势特色农产品出口对巩固脱贫攻坚成果和推动实现共同富裕作出了重要贡献。例如，2022年1—11月，位居“中国茶业百强县”榜首的贵州湄潭，茶叶出口额4758.6万美元，带动约35.1万名茶农增收。

农产品贸易是促进农村繁荣发展的重要举措。我国人均耕地面积不到世界平均水平的1/2，农产品适度进口可以将节约下来的土地资源转换用途，带来更高的经济收益或环保价值，有助于建设生态宜居的美丽乡村。2022年，我国大豆和棉花进口量分别为9108.1万吨和202.6万吨，合计节约土地资源4701.8万公顷。此外，以优势农产品出口为中心，延伸产业链条，促进农村一二三产业融合发展，也有助于实现农民生活富裕、乡村和谐发展。

加入世界贸易组织是我国农业对外开放的新起点，开启了我国农业加速融入国际市场的新阶段。入世以来，我国切实履行承诺，农产品关税由2001年的23.2％降至2010年的15.2％，约为世界农产品平均关税的1/4，是世界农产品关税水平最低的国家之一。我国农业开放红利不断释放，农产品贸易呈现由小到大、由弱渐强的发展态势。

贸易规模跨上新台阶。2001年至2022年，我国农产品贸易额由279亿美元增至3343.2亿美元，增长了约11倍，年均增速约12.6％。其中，出口额由160.7亿美元增至982.6亿美元，年均增速约9％；进口额由118.3亿美元增至2360.6亿美元，年均增速约15.3％。我国农业高水平对外开放也为世界带来发展机遇。入世以来，我国农产品进口增速明显高于出口，并自2004年起，由长期顺差转为逆差且稳步扩大。2004年至2022年，逆差由47亿美元增至1378亿美元，年均增速约20.6％。

贸易产品日益多样。入世以来，我国进口农产品种类越来越丰富。除了谷物、棉花、油料等传统进口农产品，大量高端和新奇特农产品也漂洋过海来到国内消费者餐桌，满足了人民对美好生活的向往，如澳大利亚奇异果、智利车厘子、秘鲁蓝莓、厄瓜多尔香蕉和白虾、乌拉圭牛肉等。出口方面，水产品、蔬菜、水果等劳动密集型产品出口额占比始终较高，但特色优质农产品出口通道更畅通。2022年，我国茶叶、中药材和花卉出口额分别为20.8亿美元、9.5亿美元和4.9亿美元，分别是2001年的4.9倍、3.9倍和13.3倍。

贸易“朋友圈”逐步扩大。随着农业对外开放的大门越开越大，我国农产品贸易伙伴也更加多元。与我国有农产品贸易往来的国家和地区由2001年的198个扩增至2022年的218个，其中进口伙伴189个、出口伙伴212个。

贸易业态更加丰富。跨境电商、海外仓、外贸综合服务企业等农产品贸易新业态新模式不断涌现，持续释放我国农产品贸易增长新动能。2022年，我国农产品跨境电商贸易额81亿美元，同比增长25.9％。其中，出口12.1亿美元，同比增长153％；进口68.9亿美元，同比增长15.7％。

随着我国农业与世界的融合度逐渐增强，农产品贸易在国际市场中的份额不断提高，农产品贸易额占全球比重由2001年的3％提高至2021年的14.2％，排名由第11位上升至第2位，仅次于美国。从出口看，我国是全球第五大农产品出口国，2021年农产品出口额占世界的4％，苹果、大蒜、生姜、茶叶等农产品出口居全球首位。从进口看，我国是全球第一大农产品进口国，2021年农产品进口额占世界的10.2％，是粮食、棉花、肉类等农产品的全球最大买家。

同时，我国积极参与多双边农业谈判，逐步由国际农业规则的接受者转变为参与者。积极推动世界贸易组织改革，在促进全球农产品贸易方面发挥重要作用，与东盟、澳大利亚等26个重要农产品贸易伙伴签署19个自贸协定，多数自贸协定中农产品自由化水平超过90％，2022年与自贸伙伴的农产品贸易额占我国农产品贸易总额的39.4％。此外，积极参与全球农业治理体系改革，主动设置议题议程，引导规则制定，我国在国际话语体系中占据越来越重要的地位。

持续保持“大进小出”贸易格局

主持人：2022年我国农产品贸易进出口形势如何，为什么强调实施农产品进口多元化战略？

田志宏（中国农业大学经济管理学院国际农产品贸易研究中心主任、教授）：我国农产品贸易持续发力，进出口均保持增长，在全球通货膨胀、俄乌冲突等不利国际环境下显现出良好韧性。根据中国海关数据，2022年农产品进出口额达3343.2亿美元，较上年增长9.9％。其中，进口2360.6亿美元，同比增长7.4％；出口982.6亿美元，同比增长16.5％；贸易逆差1378.0亿美元，同比增长1.7％，继续保持“大进小出”的贸易格局。与同期我国全部商品贸易增速相比，农产品出口和进口分别高出5.0、3.1个百分点，农产品贸易较其他产品更具活力。

其中，值得关注的一个特点是出口增速明显高于进口。2017年至2021年，连续五年进口增速高于出口增速，2022年出现翻转，并且出口增速是进口增速的2.23倍。究其主要原因，年内国际社会货币宽松、地域冲突等因素推动国际农产品市场价格大幅上涨并伴随着剧烈波动，较为稳定的国内价格一定程度上激励了农产品出口。另一个特点是贸易逆差增幅明显减少。2017—2021年，贸易逆差年增长率为14.0％—42.9％，2022年贸易逆差的年增长率低至1.7％，主要原因是出口增速增加和进口增速降低。值得一提的是，由于国际通货膨胀和大宗商品价格波动逐渐向国内传导，近期我国农产品进出口贸易产生较大不确定性。

从产品结构看，我国进出口产品表现出较强互补性，竞争优势产品出口增长显著，消费需求旺盛产品进口规模增大，有利于获得国际市场交换利益。2022年，我国出口农产品集中于水产品、蔬菜和水果，出口额占比分别为22.29％、17.58％和6.94％；进口农产品集中于食用油籽、畜产品和谷物，进口额占比分别为27.68％、21.67％和8.26％。其中，水产品、蔬菜出口额年增长率分别为5％和9.2％；食用油籽进口额增幅较大，年增长率达到13.4％。近十年农产品贸易的产品结构出现大幅调整，畜产品、谷物和水果进口规模增长最为显著，农产品贸易满足了居民收入持续增长带来的消费需求变化，包括消费数量增长、产品范围扩大和质量要求提高。

从主要贸易伙伴看，农产品出口市场日益多元，进口市场仍有较高集中度。2022年前五大出口市场依次为中国香港、日本、美国、韩国和越南，出口额合计442.8亿美元，占农产品出口总额的45.1％，低于2021年前五大出口市场出口额占比（46.2％），我国农产品出口市场更趋分散，呈现多元化发展态势。2022年前五大进口市场依次为巴西、美国、泰国、新西兰和澳大利亚，进口额合计1304.6亿美元，占农产品进口总额的54.8％，高于2021年前五大进口来源地进口额占比（53.2％），农产品进口集中程度较高，并呈现增长趋势。

一些大宗农产品进口来源呈现多元化趋势。大豆进口来源地主要是巴西、美国、阿根廷、乌拉圭和加拿大，2022年自上述五国进口量占大豆进口总量的98.9％，与上年相比，自乌拉圭和加拿大的进口量增长，自巴西、美国、阿根廷的进口量减少。玉米进口来源地主要集中于美国和乌克兰，2022年自两国的进口占玉米进口总量的97.60％，与上年相比有一定程度降低，降幅主要出现在自乌克兰的玉米进口，其受俄乌冲突影响较为明显。食用植物油主要进口来源地是印度尼西亚、马来西亚、俄罗斯、乌克兰和巴西，2022年自上述五国进口量合计726.4万吨，占食用植物油进口总量的87.9％，与上年相比，自上述国家的进口量均有减少，受俄乌冲突影响，自乌克兰进口量降幅达到65.6％。

从国内区域分布看，东部沿海地区一直是我国农产品贸易的主力区域。从2022年前11个月海关统计数据看，广东、上海、江苏、山东是全国农产品进口规模较大的省市，四省市进口额占全国进口额的47.5％。山东、广东、福建、浙江、江苏是全国出口规模较大的省份，五省出口额占全国出口额的62.1％；2022年广东省农产品出口额增长64.4％，贸易总额超越山东，居于全国首位。

我国农产品进口规模较大，并呈现不断增长态势，保持稳定、可持续的农产品进口贸易，对我国农产品市场供给稳定和农业可持续发展具有重要意义。进口多元化战略强调进口贸易多元化，拓展进口来源地和进口产品范围，扩大对重要农产品替代品的进口和来自多个替代市场的进口，避免对单一市场过度依赖。实施农产品进口多元化战略，是我国农业发展的必然选择和有效途径，具体表现在如下几方面：

一是保障粮食和重要农产品稳定安全供给。在国内产能和比较优势不足的限制下，需要通过进口保障部分农产品供给，多个来源地有利于稳定进口规模。对于自给水平较低的特定农产品，若遇到地域冲突造成国际物流不畅、个别国家限制出口等一些特殊情况，进口多元化战略将是保障国内重要农产品供给稳定的重要抓手。二是防止受到国际不稳定局势的影响。近年来，国际政治及经济形势风云变幻，地缘政治热点不断，国际贸易风险加剧，进口多元化是减缓国际市场波动冲击的重要途径。三是保护国内农业安全。进口多元化可以充分利用更多进口来源地和进口商的市场竞争，减少对特定进口来源地的过度依赖，避免被境外出口方或供应商垄断供应。四是在更高水平上实现全球农业资源合理配置和利用。我国一直坚持经济全球化正确方向，积极推动农产品市场开放。从2018年开始举办的中国国际进口博览会是世界上第一个以进口为主题的国家级展会，是我国主动向世界开放市场、推进新一轮高水平对外开放搭建的国际平台，借此在更大范围内发现可贸易产品，寻找更多的农产品贸易伙伴，尤其是给一些发展中国家提供农产品需求，促进全球农业资源的合理配置。

国贸基地发挥出口“领头羊”作用

主持人： 农业农村部开展国际贸易高质量发展基地建设目前取得哪些成效？

赵学尽（农业农村部贸易促进中心联络合作处处长）： 为发挥农业贸易对助力农业高质高效、乡村宜居宜业、农民富裕富足的重要作用，推动农业贸易提质升级，2021年，农业农村部启动了农业国际贸易高质量发展基地（简称“国贸基地”）认定培育工作，计划在“十四五”时期，建设500个左右国贸基地，培育打造一批产业集聚度高、生产标准高、出口附加值高、品牌认可度高、综合服务水平高的农业外贸骨干力量。通过与国内外市场双向有机衔接，把国际要素、先进理念、市场渠道、品牌效应传导至国内产业链上中游，实现“以外促内”，提升中国农企和农产品整体国际竞争力。截至2023年3月，已认定231家国贸基地。

两年来，面对复杂严峻的国际国内形势，国贸基地建设围绕提升出口农产品品质和国际化、标准化、组织化、品牌化水平，着力补短板、强弱项，“领头羊”作用进一步发挥。

一是积极开展国际认证认可，获得更广泛的国际通行证。国贸基地大力推进农产品生产质量管理体系建设，除GAP、HACCP、GMP、ISO系列等管理体系认证外，重点对标国别类、产品类、宗教类等认证内容，建立目标市场认可的产品检测和认证体系。目前，国贸基地企业认证范围已覆盖传统出口市场，如美国FDA认证、日本JAS有机认证、欧盟REACH有机认证、北美OMRI有机认证、英国BRC全球食品安全认证、加拿大COR有机食品认证。在践行农业可持续发展上，国贸基地企业还涉及职业健康安全管理体系等领域，并将获得新兴国家的卫生注册出口资质等纳入关注，为开拓多元市场打好基础。2022年，农业农村部指导了一批国贸基地获得海关AEO认证（经认证的经营者），助其尽早享受48个国家和地区的通关“绿色通道”优惠，降低运营成本，提升出口竞争力。

二是加快业态模式创新，开启多轮驱动。面对国际贸易大环境的困难挑战，国贸基地积极采取不同措施，拓宽市场渠道。山东省打造“国贸基地+产业集聚区+出口企业”三位一体农产品出口新引擎。安徽省黄山王光熙松萝茶业等国贸基地通过“跨境电商+海外仓”新业态拓展海外茶叶市场，实现出口量、出口额齐增。广东省以湛江国联为代表的水产类国贸基地，河南省以华英农业为代表的畜禽类国贸基地，从消费需求出发，适时研发特色预制菜肴，不断改进加工工艺，产品不仅在国内市场深受欢迎，还走出国门，成为传递中国味道的重要载体。2022年，两个基地均实现30％的出口增速，在促进农产品食品化、食品国际化发展方面发挥了示范作用。

三是加大自主品牌培育，提升国际知名度。品牌是质量、技术、信誉和文化的重要载体，是提升国际竞争力的核心要素之一。农业农村部积极引导国贸基地企业从产品经营向品牌经营转变，联合中国国际贸易促进委员会为200多个国贸基地产品签发《出口商品品牌证明书》，将经认证的基地品牌收录进多语种的“农产品出口商品品牌认证企业及产品名录”，形成优势农产品出口品牌集群，并通过驻外代表处、驻华使馆、驻外使领馆等渠道，对外宣介获证农产品企业及产品品牌，助力国贸基地优质特色农产品“走出去”。蒙牛乳业、安琪酵母、洽洽食品、隆平高科等国贸基地企业的海外商标注册数量均已超过200件。

四是增强联农带农，赋能产业升级。国贸基地企业积极发挥龙头引领作用，不断创新联农带农模式，增强辐射带动能力，助力小农户连接大市场，促进农民增收、农业增效。洽洽食品将最初的“公司+农户”，逐步优化为“公司+育种机构+推广合作人+种植户”的网络式订单农业体系，通过引入合作社、种业公司、农资、兵团农场等，将小农户组织起来抱团签约，形成小农户、多主体、大群体的特色农业产业集群和专业分工体系，通过稳定的原料回收保障和专业的种植指导，为合作种植户每亩增收约1000元，帮助2万户农户实现致富。贵茶集团牵头组建由61家成员企业组成的“贵茶联盟”，采用“龙头企业+联盟企业+农户”的发展模式，带动农户发展专业化、标准化、规模化、集约化生产，帮助茶产业覆盖区域内超过50％的精准脱贫户实现脱贫目标。新疆冠农果茸积极推行“互联网+农业”生产经营方式，搭建起冠农“小铁牛”数字农业产业振兴服务平台，建立数字化生产示范基地，为农户提供全程技术指导。海南翔泰渔业的“公司+农民入股”模式，实施产业资金入股扶贫，吸纳澄迈县7个乡镇86个村委会1518户贫困户参与，通过“固定收益分红+劳动就业”方式带领贫困户脱贫致富。

推动农产品贸易多元化发展

主持人：*我国农业贸易规模逐步扩大，但大而不强问题比较突出，解决这个问题应从哪些方面着力？*

孙东升（中国农业科学院农业经济与发展研究所副所长）：我国是全球第二大农产品贸易国、第一大农产品进口国、第五大农产品出口国，蔬菜、水果、水产品等出口农产品有一定竞争力，但进口来源地主要集中在少数几个国家，合作伙伴也局限于少数国际大粮商，这种农产品贸易格局潜伏着一定风险，我国农业贸易大而不强问题比较明显。为此，需要拓宽视野、延展内涵，将农产品贸易多元化纳入贸易强国建设并予以积极推动。农产品贸易多元化是未来我国建设农业强国、培育农业国际合作竞争新优势、增强农产品贸易可靠性和韧性的重要增长点，须要从我国的国情农情出发，坚持农产品贸易高质量发展理念，以制度创新和科技创新为动力，加快提高农业素质、农产品品质和农产品竞争力。

坚持对外开放不动摇，推进高水平农业对外开放。高水平对外开放是确保我国农产品供给安全和市场稳定的重要路径。建设有中国特色的农业强国、农产品贸易强国，不仅要遵循农业强国发展的一般规律，更要以国内大循环吸引全球资源要素，增强国内国际两个市场两种资源联动效应，依托我国农业大国和超大规模市场优势，把稳定保障粮食等重要农产品充分供给作为我国农业贸易高质量发展首要任务。依据我国国情农情和农业资源禀赋特征，主动参与国际分工和合作，努力实现农产品进出口多元化、贸易结构多层次、贸易伙伴多元化，增强农产品贸易稳定性和市场韧性。

培育世界一流农业企业集团，深度参与国际分工和合作。对标国际四大粮商，加快培育世界一流农业企业集团，做大做强主要粮食企业，掌握涵括农业技术研发、种植、粮食收购仓储与运输、粮食深加工、产品仓储运输与销售等的粮食产业链，在种子、化肥、农产品等环节建立自己的运输通道，实现集团化一条龙运作，在适度进口土地资源密集型农产品的同时，积极发展劳动密集型农产品生产和出口，推进农产品贸易产品、合作伙伴多元化。同时，加大对农产品贸易基地建设的扶持力度，鼓励企业参照国际标准、瞄准国际市场，优化升级农产品生产与贸易结构，提升农产品生产、加工、服务水平，大力发展农业数字产业、农业服务贸易等新产业新业态，大幅度提高农产品品质，提升出口农产品的附加值，以优质、优价取胜，增强农产品出口竞争力，并以此作为提高农业效益、增加农民收入的突破口以及优化农业结构的切入点。

推动公平对等的开放与合作，推进农业“走出去”战略。从我国农业产业发展阶段特征、竞争力状况和农业强国建设需要出发，积极推进战略性农业国际合作，加强与国际组织、区域组织和有关国家合作，通过中长期经贸协议安排等，推动形成互利共赢、公平对等的农业开放格局，拓展多双边合作机制和农业贸易便利渠道，实施更大范围、更宽领域、更深层次的贸易多元化，改变进口来源地相对单一、容易受制于出口地政策和产量变化的国际贸易格局。结合“一带一路”倡议，拓展合作机制和农业贸易便利渠道，进一步推进农产品进出口市场多元化。把农业“走出去”作为提高进口调控能力的举措，将“走出去”与进口多元化战略有机结合，提高“走出去”企业在目标国家（区域）的农产品生产和进出口贸易能力，以此建立稳定多元可靠的农产品进口渠道。

加强国内外农产品市场研究，完善农产品贸易监测和预警体系。加快提升对国内外农产品生产、消费、价格、贸易等信息体系的服务能力，分品种建立国内外农产品市场资料档案，定期发布国内外农产品生产、消费、价格、品质、贸易动态等监测、预警信息。有侧重地选择主要国家跟踪研究其农业政策动向及农产品市场状况，研判农业生产和贸易形势变化，及时提出相关对策建议。

（来源：《经济日报》）

杨静：
全力引导企业用好用足RCEP政策红利

杨静　农业农村部农业贸易促进中心副处长、副研究员

农业农村部农业贸易促进中心（下称“贸促中心”）是我国自贸区农业谈判的“国家队”，全程参与RCEP谈判并跟踪自贸区具体实施情况。RCEP生效以来，贸促中心多渠道、多平台、多形式宣介RCEP涉农优惠政策，务实帮助各地农业农村部门和外向型农业企业做好政策知识储备、产业转型升级、项目平台建设等方面准备，全力引导企业用好用足政策红利。

RCEP 推动我国农业领域构建新发展格局

RCEP生效半年，我国与其他成员国农产品贸易增速明显。

一是与RCEP成员国农产品贸易额增速高于整体。上半年，我国与RCEP成员国农产品贸易额为519亿美元，达历史同期最高，贸易额同比增长16.8%，比我国与全球农产品贸易额同期增速高6.4个百分点。自RCEP成员国农产品进口312.9亿美元，增长18.1%；出口206.1亿美元，增长15%。

二是部分重点产品对日出口增长较快。日本是我国第一大农产品出口市场。RCEP首次实现中日双边关税减让，原产地证书有93%签往日本。上半年中日农产品贸易额62.2亿美元，同比增长7.5%，其中出口54.4亿美元、增长8%。

三是与东盟、韩、新、澳农产品贸易增速明显。我国与东盟、韩国、新西兰、澳大利亚均已签署双边自贸协定，叠加RCEP项下产品开放和便利化程度提升，对贸易产生较强拉动作用。上半年，我国与东盟农产品贸易额294.2亿美元，增长20.1%；与缅甸、老挝贸易显著增长，贸易额分别增长1倍、1.1倍，主要来自玉米等产品进口增加。对韩、新、澳出口均呈两位数增长，其中对韩国出口29.8亿美元，增长20.1%，对新西兰出口1.5亿美元，增长47.7%，对澳大利亚出口6.8亿美元，增长33.7%。

RCEP 推动“粤字号”农产品扬帆出海

近几年来，广东预制菜、水海产品、岭南水果等产业发展势头迅猛，将“广东味道”传播到全球各地。RCEP生效实施又为广东优势农产品出口提供了更广阔市场和更便利的出口通关流程，未来还将加快推动广东跨境电商等新业态发展，助力优势特色农食产品“扬帆出海”。

在这个过程中，需注意处理好以下关键环节：

一是强化品牌效应。广东水海产品出口有相当大比例为贴牌加工，缺乏自主品牌。RCEP项下货物市场准入、投资开放等政策可能促使劳动力密集型农产品加工业或生产环节进一步向土地和劳动力成本更加低廉的东盟国家转移，或将削弱以来进料加工为主的水海产品出口竞争力。

二是规范标准管理。当前预制菜等行业缺少统一有效的菜品生产、食品安全标准和质量控制规程，不同企业加工工艺良莠不齐，导致预制菜产品质量存在较大差异，制约了其向欧美、日本等预制菜主要消费市场的出口。

三是做好农业与文化的融合。将中华农耕文化凝聚在产品附加值上，挖掘“人文助农”传播深度。要创新传播形式，探寻立体多元媒介路径，推出以传播中华农耕文化为主要内容的纪录片、宣传片、短视频等，拓展农耕文化的传播广度。

构建产业集群，提供更好的 RCEP 营商环境

为支持广东省用好用足RCEP政策红利，贸促中心将继续从以下五方面开展相关工作：一是“一地一策”提供RCEP农产品市场与涉农规则解读。针对广东企业关注的重点产品和市场，开展RCEP成员国农产品市场研究及地方优势农产品竞争力分析，为扩大贸易投资合作提供技术支撑。二是开展RCEP涉农优惠政策培训。结合广东农贸企业实际，举办线上线下RCEP涉农优惠政策培训，同时为广东农业农村主管部门举办RCEP主题相关培训提供师资力量。三是支持农业领域RCEP主题项目建设。支持广东根据自身产业优势找准发力点，开展一批RCEP涉农项目建设，打造一批RCEP涉农政策利用样板和标杆。四是举办RCEP区域农产品巡展。在中国国际渔业博览会等国际展会设立RCEP专区，为广东优质农产品出口提供展销平台。五是组织RCEP区域农业研讨交流。邀请广东及其他地区的优秀农贸企业开展RCEP涉农政策交流研讨，分享RCEP规则利用方面的先进经验。

杨静建议广东：第一，继续做好RCEP涉农优惠政策解读与业务咨询工作。协助农贸企业理解原产地累积、经核准出口商原产地声明等重点规则和便利措施，帮助企业用好用足优惠贸易政策。第二，构建广东RCEP农业产业集群。广泛借助媒体资源和国际会议平台，开展广东优势特色农产品系列营销活动。第三，不断完善农贸企业的出口退税工作。广东是农产品来进料加工大省，进一步提升出口企业退税服务质量，创新监管模式、落实减税降费措施等，将有助于营造更好的营商环境，为农产品出口企业提供实在红利。

（来源：《南方农村报》）

李楠：
预制菜国际贸易面临哪些问题？

李楠　农业农村部农业贸易促进中心副研究员

随着2023年中央一号文件首提“培育发展预制菜产业”，全国各地正在积极推动预制菜产业发展。同时，不少预制菜企业已在开展对外贸易，一些地方政府部门也开始着力为地方预制菜“走出去”创造条件。预制菜贸易是“小农户”对接“大市场”的桥梁纽带，是实现农产品价值增值的新渠道，更是助力乡村振兴和农业农村现代化的新引擎。预制菜贸易中可能面临的问题需要高度关注和积极解决。

预制菜贸易为什么有必然性？推动预制菜贸易是用好“两个市场，两种资源”的题中之义，预制菜贸易具有必然性且潜力巨大，是农业贸易新趋势。

从贸易理论上看，我国在中式预制菜的研发生产上具有显著国际优势，开展中式预制菜贸易符合国际资源配置优化的导向，具有经济上的可行性。同时，预制菜将有效降低烹饪服务贸易的成本，提高国外消费者和我国预制菜生产企业双方的福利水平。

此外，预制菜贸易是农业贸易高质量发展的要求。发展预制菜出口贸易将有助于提高加工农产品出口比重，丰富我国农产品出口品类，改善农产品出口结构；加工价值、文化价值、品牌价值“三合一”于预制菜，有效提升农产品出口价值；推动同质化农产品向差异化加工品转化，挖掘农产品出口细分市场潜力，培育国际竞争新优势，一定程度减轻农业出口产业内竞争。

预制菜贸易还是构建“双循环”格局的要求。受餐饮市场平稳增长、传统饮食观念、国内容易吃到现做菜品等因素影响，国内预制菜需求市场短期增长有限。而随着我国国际影响力不断提升，中餐和中华饮食文化在全球广泛传播，为中式预制菜开拓海外市场奠定文化基础。海外美食爱好者、华人华侨等对正宗中餐兴趣浓厚，又为中式预制菜开拓海外市场奠定需求基础。海外预制菜产业起步较早，市场较成熟，消费者对预制菜的接受程度较高，中式预制菜凭借其独特的国际竞争优势，有望挖掘出海外市场的巨大潜力。

预制菜贸易可能面临什么问题？现阶段我国预制菜贸易还不够成熟，推动预制菜贸易进一步发展还将面临一系列问题。

在生产环节，预制菜产业集中度较低，行业标准体系建设滞后，预制菜产品综合品质不高等问题直接削弱预制菜贸易的产业基础。

贸易环节上，由于预制菜产品多元化且包含多种原料，可能在贸易中引发关联问题，导致进口国对预制菜贸易进行干预，贸易风险相对较高。此外，预制菜保藏技术也限制着预制菜贸易的广度和深度，提升预制菜保藏技术既有助于降低全程冷链的高成本，还可以延长预制菜最佳赏味期，保障预制菜的长期运输和货架期，更可以丰富可供出口的预制菜品种。

消费环节主要面临两大问题。一是开拓预制菜海外市场难度不小。一方面是开拓海外市场的常见问题，例如品牌海外认知度较低、与海外商超合作难度大等；另一方面是中式预制菜作为新产品需要培育海外消费市场，虽然海外美食爱好者、华人华侨等可能是中式预制菜的主要消费群体，但如何进一步拓展消费群体，将尝鲜式消费发展为日常式消费，形成稳定的需求市场，需要持续探索推进。

二是预制菜消费模式带来的挑战。海外预制菜市场C端比重远高于国内，开拓海外市场过程中将面临系列适应性调整。C端需求更多元、销售位置更分散、单笔订单金额小、购买频次高，盈利模式与B端显著不同，对产品研发、上新周期、分销渠道、包装设计、冷链仓储、客户服务等环节提出新要求，对企业的成本把控和吸引消费能力提出新挑战。

预制菜贸易意义重大，应从服务国家农业对外贸易大局的高度，从推进乡村产业兴旺、农民增收致富的深度，从促进预制菜全产业链发展的广度，推动预制菜贸易高质量发展。

一是出台预制菜产业发展支持政策。各地政府部门高度重视预制菜产业，积极出台产业支持政策，进一步支持和引导产业健康发展，夯实预制菜产业基础，为贸易创造条件。

二是加大科研创新力度及成果商业化应用。中餐工业转换水平直接决定预制菜产业发展水平，高还原度的预制菜是高质量预制菜贸易的基础。引导科研院所和企业加大预制菜科研投入，集中开展技术攻关和产品研发。搭建相关科研成果交流展示平台，助力产研精准对接。

三是加快制定预制菜产业标准。中餐菜式多样和预制菜产业链环节众多的特点要求预制菜产业标准多元化、体系化，健全的标准体系才能规范预制菜贸易高质量发展。指导地方政府、行业商协会或企业牵头制定预制菜地方标准、团体标准，推动上升为国家标准、行业标准，完善预制菜产业标准体系。

四是加快构建预制菜数据统计体系。当前预制菜相关数据主要来自研究咨询机构、销售平台等，缺乏官方统计数据，缺乏对预制菜生产、流通、贸易等全产业链的统计。推动有关部门开展预制菜相关数据统计工作，准确掌握预制菜产业态势，有效推动产业健康有序发展。

五是推动建设预制菜出口产业园区。鼓励支持有条件的地方建设预制菜出口产业园区，发挥园区集聚资源优势，打通预制菜产业链，形成合力，培育一批预制菜出口龙头企业。

六是助力预制菜产业开拓海外市场。指导预制菜企业开展海外营销，加大官方宣传推广力度，合力打造预制菜国际知名品牌。帮助预制菜企业用好RCEP等多双边自贸协定的政策红利，更好地进行生产贸易全球布局。加强预制菜贸易研究，科学研判全球预制菜市场态势，帮助企业发掘市场机遇，应对市场风险。

（来源：《中国外资》）

徐玉娟　吴继军　沈维治　戴凡炜：
科技赋能广东预制菜产业高质量发展

徐玉娟　食品科学博士，研究员，广东省农业科学院蚕业与农产品加工研究所所长、广东省预制菜产业联合研究院院长

吴继军　研究员，广东省农业科学院蚕业与农产品加工研究所副所长

沈维治　副研究员，广东省农业科学院蚕业与农产品加工研究所科技科副科长

戴凡炜　博士，研究员，广东省农业科学院蚕业与农产品加工研究所农产品保鲜与物流研究室主任

预制菜产业的蓬勃发展，解决了人们好吃“难做”、好吃“懒做”的问题，符合我国乡村振兴战略、粮食安全战略、健康中国战略和双碳发展战略，是一场厨房革命、餐饮消费革命。2023年中央一号文件明确提出“提升净菜、中央厨房等产业标准化和规范化水平，培育发展预制菜产业”。当前，预制菜产业显现出了巨大的市场空间和产业潜力，广东预制菜产业引领全国，一直位列全国预制菜产业指数榜首。艾媒咨询数据显示，2022年全国预制菜市场规模4196亿元，广东预制菜市场规模545亿元。

预制菜产业发展趋势

预制菜是农业科学、食品科学向餐饮的渗透，是传统烹饪产业走向科学化、工业化、标准化、营养健康化的必由之路。美味与健康兼顾是餐饮和食品行业发展的必然趋势，也是预制菜产业未来的发展方向。预制菜产业高质量发展离不开科研力量的助力，预制菜发展迅速的地区及企业，都将科技创新作为发展的重中之重，积极与高校、科研院所合作，抢占产业制高点。一是以科技塑造品牌。例如广东省预制菜产业联合研究院在科技支撑预制菜原料和成品关键品质评价和挖掘企业文化、企业形象、企业信誉等多方面打造广东预制菜品牌，取得较好成效。二是以科技创新提升预制菜品质，提高生产效率，推动预制菜加工副产物高值化利用。大数据、云计算等新技术的应用，可以有效提高预制菜生产的自动化程度和生产效率，既可以降低成本，又可以提高质量，迅速满足市场需求。

为了加强科技创新推动产业发展，2022年5月16日，广东省预制菜产业联合研究院由广东省农业科学院牵头联合10家高校和科研院所、41家企业和2家行业协会组建，通过建立政府支持、多方投入、项目纽带、委托研发、技术转让、联合攻关等运行机制，实现博士与厨师结合、实验室和厨房结合、科研与产业结合。研究院的重点工作是围绕预制菜全产业链布局创新链，开展基础前沿研究、共性关键技术研发、新产品创制、标准体系建设、智能制造工程化集成应用，以期创建预制菜理论研究高地，打响广东预制菜品牌，力争在3年内建成具有全国乃至全球影响力的预制菜全产业链研发平台。接下来，研究院将聚焦大联合和协同创新，汇聚广东农产品加工和食品领域科研院所与高校科技资源和人才，充分发挥广东省农科院院地、院企合作网络，实现预制菜全产业链科技资源的最大化。

预制菜科技创新新技术和新动向

预制菜品质的核心是技术研发，预制菜的发展应当考虑与相关加工新技术和装备融合，通过加工新技术提升预制菜品质，解决预制菜营养品质保持、速冻解冻质构保持、叶菜等保脆护绿、延长保质期、提升预制菜口味复原度等问题。针对预制菜各类菜品原料品种多且加工适应性不明确、营养风味品质不稳定等产业发展难题，全面挖掘广东特色农产品加工过程中的营养品质、加工适应性、成品风味品质等大数据，建立生鲜农产品和预制菜时空品质与多维品质数字化表征技术体系。构建粤菜三大菜系的特征品质数据库，形成基于大数据的“原料—中间品—产品”的全程质量标准体系，为不同类型原料加工不同种类的预制菜产品提供数据支撑。开展特色农产品营养功能成分及其功效评价研究，研发设计个性化、精准高质化加工关键技术，开发特殊人群、特殊环境、特殊医学用途肉制品等营养功能型高附加值新产品，满足不同的消费需求，保障消费者的健康。同时通过预制菜原料自动化前处理、工业化智能化烹饪、精准包装和杀菌等装备提升预制菜生产效率，稳定产品品质。

目前预制菜科技创新主要有以下几个方面：

一是保鲜新技术方面。非热杀菌技术是保证预制菜品质的关键技术，其避免了传统高温杀菌对预制菜风味、营养和形态的损伤。新型的非热杀菌技术主要有超高压、电子束辐照、低温等离子体、生物抑菌剂等技术，主要通过物理和生物方式杀灭微生物，不仅能有效抑制预制菜中的微生物量，还能最大限度地保持预制菜的品质。另外，预制菜保鲜新技术还有浸渍式速冻、射频解冻、电场磁场辅助保鲜等品质保持技术，通过多物理场的应用保持预制菜原料和成品的最佳口感、营养、风味和色泽。

二是加工新技术方面。预制菜加工过程中会发生美拉德反应、脂质氧化反应等，从而产生预制菜肴的不同风味。预制菜产品加工新技术主要有肉制品绿色氧化调控技术、微生物发酵技术、微胶囊技术、过热蒸汽、副产物综合利用技术和调味品加工等技术。肉制品绿色氧化调控技术是指利用一些天然活性物质抑制肉制品加工和贮藏过程中的氧化反应的绿色加工技术，可有效提高产品的安全性和功能性。微胶囊技术指将固体、液体或气体包埋在微小而密封的胶囊中，使其只有在特定条件下才会以控制速率释放的技术，具有可有效减少食品功能成分的损失、延长食品货架期、遮盖和减少异味等优点。

三是新型包装技术方面。近年来智能包装逐步发展，活性包装和智能包装也被应用于预制菜商品，活性包装分为释放型活性包装和吸收型活性包装，常用活性物质包括壳聚糖、海藻糖和乳酸链球菌素等；智能包装包括时间温度指示标签、气体指示智能标签等，标签上的化学成分能随温度、时间呈不同的显色反应，食品储存器释放的特征气体也能与试剂发生显色反应。

四是预制菜新装备方面。预制菜装备是预制菜产业健康发展的重要一环，珠海格力联合广东省农业科学院等单位携手组建了广东省预制菜装备产业发展联合会，目前已针对冷链、前处理装备等开展了研发工作。其中冷链装备是关系预制菜品质的关键环节，格力公司研发的智能节能冷库智能调控最适合预制菜产品储藏的温度，联合运用热氟融霜、远程智能监控和光伏变频技术，较普通冷库节能30%以上。其他预制菜新装备还有果蔬自动去皮切分设备、鱼虾自动化取肉设备、浸渍冷冻设备、射频解冻设备、超高压杀菌设备、固态无菌包装设备和常温长保米饭工业化烹饪设备等，满足预制菜产业高速扩张发展的需求，推动预制菜智能化、标准化、健康化发展。

五是创新应用场景方面。一般来说，普通预制菜应用场景是消费者在网上或商超将预制菜买回家，加热或简单烹饪一下再食用。目前有商家在售货冷柜旁搭配放置微波炉等称重自动加热装置，消费者可以实现自助购买、加热一站式完成。

以科技创新推动预制菜产业高质量发展

科技创新是推动产业发展的根本动力。预制菜品质需要科技支撑，坚持安全、美味、营养、绿色、智能化发展是预制菜产业的发展趋势。在此趋势下，广东预制菜产业科研工作主要围绕原料品质数据化工程、预制菜标准化工程、生产智能化工程、营养健康化工程和副产物高值化工程等几大重点工程来开展。

一、原料品质数据化工程

构建广东特色农产品的品质、营养和贮藏、加工特性等预制菜原料大数据，为预制菜食品原料的筛选、新型营养与功能组分的挖掘、食品安全追溯体系的建立提供参考。

二、预制菜标准化工程

集成创新加工品质控制技术，建立预制菜营养品质量化评价模型，构建其原配料标准、加工工艺标准、成品营养与味觉指纹图谱品质标准体系，建立潮州菜、广府菜、客家菜等菜系特征风味数据库，突破标准化加工关键技术，实现从“手工经验”向“标准化”跨越。

三、生产智能化工程

中央厨房不是“小锅换大锅、小厨房换大厨房”，而是工业化生产，属于制造业，要创新绿色制造关键技术，集成应用生物、工程、信息等技术，建立以整体加工利用为核心的绿色化、智能化和高度集成化预制菜加工成套技术和装备。

四、营养健康化工程

随着生活水平的提高，人们对饮食的要求已从“吃得饱”“吃得好”过渡到“吃得健康”。根据农产品原料营养大数据、膳食营养指南、不同年龄及人群需求等，构建产品精准营养设计模型，创新个性化营养菜肴设计关键技术，创制个性化营养预制菜，研发低盐低油低糖的配料。

五、副产物高值化工程

创新加工综合利用技术，开展畜禽水产骨、血、内脏等副产物的全组分、高值化、梯次加工技术研究，开发骨素调味料、肉类调理食品、功能性多肽等食品，实现“清洁生产”。

以标准规范预制菜产业健康发展

随着预制菜市场快速扩张，预制菜食品安全问题引发关注。同时，生产和运输等环节的标准化、规范化也迫在眉睫。长期以来，由于预制菜标准的缺失，难以实现原材料追溯、标准化生产和冷链物流规范配送，导致预制菜出现图文不符、偷工减料、食材不新鲜、口味不佳等问题，消费者无法判断预制菜品的品质优劣和安全性，使消费端对预制菜的品质和安全存在疑虑，严重影响了预制菜产业健康发展，预制菜标准制定已是迫在眉睫。另外，预制菜配菜复杂多变，广东预制菜产业地域特征明显，广东预制菜产业发展亟需制定预制菜行业标准和地方标准。因此，需积极组织预制菜科研人员从原料、工艺、加工技术、产品等全方位制定预制菜标准和规程，规范引导预制菜行业自律有序发展。

在广东省预制菜产业联合研究院成立大会上，由广东农科院加工所牵头制定的首批7项预制菜团体标准发布，对《预制菜标准体系构建总则》《预制菜术语、定义和分类》等都有了明确的定义。目前，广东烹饪协会制定了《预制菜　咕噜肉》标准，广东餐饮服务行业协会制定了《微波加热预制菜通用要求》，广州市标准化协会制定了《预制菜　酸汤鱼生产工艺规范》，佛山市顺德区容桂餐饮行业协会制定了《预制菜　人参炖老鸡》等标准，顺德区食品商会制定了《预制菜　盆菜》《预制菜　酸菜鱼》等标准，梅州食品行业协会制定了《客家盐焗鸡生产技术规范》，潮州市标准化协会制定了《预制菜　潮汕卤鹅》标准，惠州市标准化协会制定了《预制菜　梅菜剁肉饼》标准，中山市个体劳动者私营企业协会制定了《香山之品　红烧乳鸽预制菜》标准。更多的标准也正在抓紧研究制定中，这标志着广东省预制菜产业走上了标准化、规范化发展之路，助推广东省预制菜产业高质量发展。

熊启泉：
预制菜产业发展的经济社会效应

熊启泉　华南农业大学经济管理学院教授、博士生导师

关于预制菜，对此迄今仍无统一、标准的定义。从字面理解，预制菜是以一种或多种农产品为原料，运用标准化流水作业，经预加工或预烹调后制成的并进行了预包装的成品或半成品菜肴。从制作食品的供给角度看，农产品原料经过加工变为制成食品的配料，最后将许多配料科学地组合起来而成为作为准食品的制成品。通过现代物流系统，预制菜直接进入超市或电商配送至千家万户。预制菜是供城乡居民挑选的离餐桌最近的食品。预制菜产业的发展，缩小了食材在供需内容、供需时间和供需空间上的差异，为现代农业生产和城乡居民享受美食的良性互动搭建了桥梁，延长了农业生产的价值链，重塑了食品质量安全追溯体系，并降低了农产品市场的风险，提高了食品安全的韧性。中国经济社会的发展转型，为我国预制菜产业发展提供了光明前景和巨大的市场机会。

一、预制菜丰富了人们的美好生活

“吃什么，如何吃”，这一问题从吃的维度反映了人民生活的美好程度。“吃”是社会地位的象征，也是中国文化的重要组成部分。在拥有14亿多人口和56个民族的发展中大国，食物的需求丰富多彩。随着经济的发展，人民基于健康和内在平衡需要而食的愿望显著增强，“吃得饱”逐步转向“吃得好”，食物结构不断升级。从需求侧看，预制菜产业的发展，既孕育着巨大的商机，又反映了人们生活水平的进步。

一是中国各种菜系特色鲜明，预制菜的需求潜力巨大。我国拥有徽菜、鲁菜、苏菜、闽菜、浙菜、粤菜、川菜、湘菜八大主流菜系，再加上东北菜、北方地区饮食、西北地区饮食、青藏地区饮食、西南地区饮食、中部地区饮食，不同的饮食文化在国内统一大市场的建设中将催生跨饮食文化，促进预制菜产品的创新。预制菜将激发居家品尝外地预制菜的需求，预制菜的市场规模持续扩大，成为扩大内需的重要支撑。

二是中国城市化的推进对预制菜带来了更大的需求。目前中国城市化率达到65%，到2030年将有70%以上的人口稳定地生活在城市。与乡村人口相比，城市人口对餐食的便利性、品牌化有更大的需求。发展预制菜，可将独居特色的中国地方菜，甚至外国菜送到国人的餐桌，能丰富人民对菜肴的选择，助力人民实现对美好生活的向往。

三是预制菜产业发展将大大节约城乡居民家庭花费在餐饮准备上的时间和成本，提高社会资源配置效率。预制菜利用专业化的生产设备、流水线作业和大规模生产，将大大降低其生产成本，同时也促进了预制菜生产的品牌化，也可根据目标市场进行精细化生产。

四是预制菜产业具有正向的社会效应。预制菜产业的发展有利于不同地域餐饮文化的传承和交流，有利于跨地域的人口流动，推动入城农民工的市民化和城乡居民生活的一体化，产生极强的社会效应。

二、预制菜推动农业高质量发展

受储藏、运输，保鲜技术的制约，农业生产者，特别是小农户生产的生鲜农产品的市场半径小、风险大。预制菜生产厂商收购和加工小农户生产的生鲜食品性农产品，不仅拓展了季节性生鲜农食产品的市场半径，降低了农业生产的市场风险，而且延长了农业价值链，有利于推动农业供给侧结构性改革，增加农民收入，促进乡村振兴。

一是推动预制市场的产品创新。目前全国有超过7万家预制菜注册企业，仅2020年新注册的预制菜企业就接近1.3万家。预制菜备受资本青睐。预制菜市场的激烈竞争将推动预制菜产品口味创新，品牌成长，催生简单易制作的方便食品、营养健康的膳食菜和功能性的健康菜品等。

二是制菜产业的发展有利于引导农业供给侧结构性改革。面对预制菜市场的诱惑，预制菜生产厂家将更充分地利用中国农食品种丰富的优势，结合中国各地的餐饮文化资源，丰富预制菜的品种供给，利用预制菜需求端的信息变化和产品与服务创新引导农业供给侧结构性改革。

三是预制菜产业的发展可以促进现代农业发展。预制菜产业发展促进了农产品保鲜、加工、储运等供应链环节的技术进步，延长农业价值链。而为了保障食材原料的质量，农业生产环节将进一步绿色化；为了更好地追溯农产品质量，农业生产将朝数字化转型，从而降低农业生产者的市场风险。技术的开发和应用在预制菜产业体系不仅有巨大的需求，而且也容易形成有的放矢的供给模式，进而推动现代农业的发展。

四是预制菜促进农业对外开放。品牌化、高质量的预制菜出口，促进了中国饮食文化走向世界。预制菜产业发展所需的农产品原料，主要来源于国内，部分来自于进口，因此预制菜产业的发展在促进预制菜出口的同时，也可优化农产品进口结构，从而优化农业对外开放结构。

五是预制菜产业发展更好地打通了农产品消费者和农产品生产者之间互动的桥梁，降低农产品的市场风险。预制菜产业是一个高度依赖于包装、储存、运输等环节的产业，发展预制菜有助于食品的升级换代和消费者体验改善。而来自于预制菜需求端的信息，将通过预制菜供应链反馈到农产品生产环节，需求端的升级将推动供给端的升级，不仅降低了农产品市场风险，而且有助于完善农业高质量发展的动力机制。

三、预制菜产业的发展前景与方向

我国预制菜有着较长的发展历史，但伴随中国经济社会的转型发展，预制菜依然具有较大的发展前景。

目前中国预制菜市场的年销售额已达到600亿元，2024年将超过1000亿元。随着中国城市化的内涵式发展，家庭食物需求将从昔日的以自主需求为主向以市场需求为主转变，城市快节奏又高质量的生活模式将使居民对预制菜产生巨大的需求。在扩大内需战略和以国内循环为主、国内循环和国际循环相互驱动的“双循环”战略的驱动下，预制菜产业将继续维持近年来的快速、稳健发展之态势，预制菜产业发展前景广阔。首先，城市人口对便捷生活和跨饮食文化的需求将得到激发，而电商网络、预制菜技术的进步，又为预制菜产业提供了更多便捷、方便、智能化的选择。其次，预制菜改善了食品供应链中的质量追溯机制，而预制菜发展内生的品牌建设，较好地解决了农食系统中的信息不对称问题，优质优价在预制菜中能得到更好的体现。再次，在市场规模不断扩大的同时，预制菜可以针对社会消费人群的需求，做到更全面、更精准的市场定位。最后，预制菜有利于中国饮食文化的发展和传承。

为了规范和引导我国预制菜产业的健康发展，让预制菜产业更好地满足城乡居民对美好生活的追求，促进农业高质量发展。我国预制菜的健康发展必须抓住机遇，顺势而为，遵循如下原则：一是推动预制菜行业标准和预制菜品牌建设；二是扶持预制菜行业头部企业发展；三是加强食品加工和烹饪行业人才的培养。

李丛希　谭砚文：
发挥粤港澳大湾区窗口效应，提高农产品国际竞争力

李丛希　华南农业大学经济管理学院博士研究生，研究方向为农业政策、农产品国际贸易

谭砚文　华南农业大学经济管理学院二级教授，研究方向为农业政策、农产品贸易

农产品贸易在一个国家的经济发展中占据着重要地位，对农民收入的增加、就业以及农村经济的可持续发展具有直接影响。农产品国际竞争力的提升不仅能够扩大对外贸易，还有助于推动我国农业的产业布局和经营主体转型升级。但我国农业基础竞争力缺乏、生产成本高的问题越来越凸显，农业资源禀赋的劣势和更为均衡的对外开放战略是我国农产品贸易持续逆差的根源。在全球经济一体化背景下，我国农产品国际竞争力不断下降，农产品对外贸易摩擦呈上升趋势，提升农产品竞争力已成为加快我国由农业大国向农业强国转变以及保证我国农业可持续发展的重要途径。

产品分析：广东农作物总体竞争力亟待提高

通过比较研究发现，广东省稻谷、薯类、花生、甘蔗、蔬菜和水果在全国具有比较优势，是省域竞争力较强的农作物产品；而小麦、玉米、豆类、油菜籽、棉花，广东完全不具备比较优势，茶叶和烟叶的比较优势也较弱。

根据与全国各省份的比较，可以确定广东主要优势农作物产品在全国的排名情况：花生、甘蔗、水果和蔬菜的排名靠前，其中甘蔗在全国排名第三，花生排名第四，蔬菜和水果均排名第五；广东薯类和稻谷省域竞争力也较强，均在全国排名第十；油菜籽和豆类的排名靠后，分别为第24位和第25位。

2002年以来，广东主要农产品总体竞争力水平较低，其中部分农产品的国际竞争力和省域竞争力均呈现进一步弱化的趋势，亟待采取有效措施，提高农产品竞争力。

从全国范围来看，我国农产品国际竞争力水平较低，2013年以来虽有所改善，但农产品巨额逆差并没有得到有效改善，主要农产品贸易大省的农产品进出口仍然是净进口状态。

2002—2015年，广东农产品国际竞争力呈现不断下降的趋势，农产品贸易竞争力指数和显示性比较优势指数均低于全国水平，与山东相比也存在较大的差距。从具体农产品的国际竞争力来看，传统农产品出口难度加大，竞争力下降问题越来越突出。园艺产品、禽畜产品和水产品是广东传统的三大优势农产品，但2007年以来，园艺产品、禽畜产品均呈净进口，贸易竞争力不断下降，水产品虽然仍具备一定的竞争力，但竞争力在弱化。因此，广东农产品国际竞争力总体较弱。

在广东主要农作物产品中，甘蔗、花生、蔬菜和水果是具备一定区域比较优势的农产品，但甘蔗、水果的比较优势在下降。广东省是我国南方四大甘蔗主产省区之一，但资源禀赋优势和区位商优势均弱于广西、云南和海南，且差距较大。从甘蔗种植业比较优势的发展趋势来看，广西甘蔗产业竞争力在不断增强，而云南、海南和广东的甘蔗竞争力在下降。随着全国甘蔗产业比较优势进一步向广西集中，广东甘蔗比较优势将更加弱化。通过对稻谷、薯类和豆类三大类粮食作物的比较优势进行综合测算后发现，粮食资源禀赋和区位商的同时下降导致广东粮食省域竞争力弱化，且在2013年以后这种弱化态势更为明显。在泛珠三角九省区中，除了江西省粮食比较优势在增强，其余各省区的比较优势均在减弱。从粮食具体品种来看，豆类不具备比较优势，稻谷比较优势也在下降，导致广东粮食总体竞争力水平下降。

对策建议：培育重点产品，打造重点品牌

广东作为我国经济最发达的省份，地区生产总值连续多年居全国第一位。与快速发展的工业化和城镇化相比，农业发展速度相对缓慢，农业仍然是广东经济发展的薄弱环节。与其他省份相比，近年来广东农业比较优势逐渐弱化，相关产业大而不强、强而缺乏品牌特色的问题较为突出，提高农业创新、竞争力和全要素生产率尤为必要。

从农业产业的发展来看，产业兴旺是乡村振兴的重点，必须要以农业供给侧结构性改革为主线，充分利用广东工业和服务业发达的优势，大力推进一二三产业融合发展。农业支持政策从增产导向向竞争力导向转变，构建广东以竞争力为导向的农业支持政策，要以乡村振兴战略为指导和总体方略，着力进行体制机制创新，培育农业农村发展新动能。

从重点产品来看，主要分为两类：一是关系到粮食安全的农产品，包括作为口粮消费的水稻，生猪、肉禽等肉类产品，以及既可以作为粮食消费又可以饲料化的薯类，这三大类农产品应该作为影响广东居民正常生活及宏观经济健康运行的重点支持农产品，保障有效供给；二是具有区域竞争优势、特色优势的农产品，包括花生、蔬菜、水果、甘蔗等广东具备区域竞争力的经济农作物，其中岭南特色水果、岭南红茶、南药、盆栽花卉、特色水产等广东特色农业产业应当做大做强，并进行合理的区域布局和规划，以避免同质化和多而不强的局面。此外，还应当鼓励地方特色农产品延伸、打造和完善产业链，创立品牌，形成一批竞争力强的地理标志农产品。

近年来，广东省正在着力打造一批以现代农业产业园区建设、新型经营组织培育和基础设施建设为主导的农业重点专项项目。农业重点专项项目的实施，有利于集聚现代生产要素和发挥技术集成、产业融合、创业平台、核心辐射等功能作用。广东应当发挥工商资本发达的优势，加快推进现代农业产业园区建设，在此基础上打造一批都市观光休闲农业、农业公园、农产品加工物流园等新产业新业态。与此同时，推进农业支持政策在现代农业产业园先行先试，使现代农业产业园成为广东农村产业兴旺的突破口。

此外，改革开放以来，广东一直是内地农产品出口港澳地区的重要窗口，港澳地区也是广东农产品出口的主要地区。习近平总书记视察广东期间，多次就粤港澳大湾区的建设作出重要指示，其中强调“要把粤港澳大湾区建设作为广东改革开放的大机遇、大文章，抓紧抓实办好”。广东农产品竞争力的提升，要充分把握粤港澳大湾区建设和广东打造更高层次的对外开放门户枢纽的机遇，充分把握广东农业在粤港澳大湾区建设的角色和功能定位，坚持“质量兴农、效益兴农、绿色兴农”的发展理念，提高区域内生产要素配置的效率，着力打造一批典型的农业现代产业园区，发挥其在供港澳农产品方面的示范和带动作用，促进农业的高质量发展。

（来源：《广东农业科学》）

吴雄昌　刘燕：
广东预制菜发展优势及对策研究

吴雄昌　河源职业技术学院讲师

刘燕　河源职业技术学院烹调工艺与营养专业教师

预制菜产业作为响应社会发展与进步的时代需求的新兴产业，也是消费者期待的一种新型消费业态。广东作为经济大省，居民的餐饮方式和消费观念逐渐由消费型转向享受型，安全、可口、营养、方便快捷已成为人们对菜肴产品最根本的消费需求。

近年来，广东企业在预制菜全产业链布局中，涵盖了从种、养、加工到售卖的所有环节，奠定了广东预制菜产业发展的基础。地方预制菜往往蕴含了地方性知识，这种地方性知识是居民在当地情境下对本土食物的系统性认知。目前，广东预制菜产业仍处于起步阶段，广东预制菜品种单一且质量参差不齐，缺乏品牌竞争力，制约着广东预制菜产业健康有序发展。

广东省人民政府办公厅于2022年3月25日发布《加快推进广东预制菜产业高质量发展十条措施》，提出壮大预制菜产业集群、打造一批预制菜产业园、形成预制菜产业集聚效应的要求，发挥广东特色农业优势和粤菜品牌优势，推动预制菜产业企业和产业链上下游配套企业集中入园发展，加快建设在全国乃至全球有影响力的预制菜产业高地，带动广东预制菜产业高质量发展。

表1　预制菜类型及市场细分

类型	市场细分	类型	市场细分
消费类型	即食预制菜	消费群体	团体人群配餐预制菜
	即热预制菜		连锁快餐预制菜
	即烹预制菜		商超配送预制菜
	即配预制菜		餐厅预制菜

（续表）

类型	市场细分	类型	市场细分
包装方法	散销预制菜	国别差异	中餐预制菜
	小包装预制菜		西餐预制菜
	大包装预制菜		日餐预制菜
			其他国别预制菜
贮运方式	冷藏预制菜		
	速冻预制菜		
	热链预制菜		
	常温预制菜		

广东预制菜产业发展优势

以“新餐饮”为核心的大型数据调研测评机构“餐宝典”NCBD公布《2021年中国预制菜产业指数省份排行榜》。榜单以“预制”作为关键词进行搜索，并在百度百科中添加相应词条，最终形成一个预制菜产业区域分布地图。产业指数从宏观经济、消费水平、预制菜企业的数量及规模、网民关注度及政策扶持力度这几个维度对中国预制菜的发展水平进行全面考量和评价，产业指数满分100分。从名单上看，前十位依次是广东、山东、福建、江苏、河南、河北、辽宁、浙江、安徽和四川。由此可见，广东预制菜最受关注，产业指数最高。

表2　2021年中国预制菜产业指数排行榜（前10名）

排名	省份	预制菜产业指数
1	广东	79.24
2	山东	74.64
3	福建	69.57
4	江苏	67.78
5	河南	54.39
6	河北	46.95
7	辽宁	37.06
8	浙江	30.97
9	安徽	29.12
10	四川	26.55

注：数据来源NCBD（餐宝典）。

预制菜虽然很受欢迎，但是由于行业标准缺失、预制菜概念定义不清、产品标准不一致，食品安全存在隐患。这些痛点和堵点，又衍生了许多困扰行业发展的问题。2019年底，国家市场监管总局发布通知，从2020年7月1日起正式实施《预制菜产品技术规范（试行）》。这是我国首次出台针对预制菜行业的国家标准。为了促进广东预制菜行业的优质发展，2022年4月1日，国联水产率先申报《预制菜产品规范》（团体标准），对预制菜的原料、加工工艺、包装、标识、贮存、冷链运输、微生物指标、添加剂指标、农药残留指标方面作出统一的规定，带领企业走上科学管理与标准化的轨道。广东省食品学会还启动了《预制菜术语和分类》和《预制菜质量安全基础要求》两个团体标准的制定工作。出台《加快推进广东预制菜产业高质量发展十条措施》是广东省委省政府贯彻落实中央决策部署，落实"十四五"规划纲要提出的各项任务而作出的一项重要举措。《措施》涵盖面广、目标明确，为广东预制菜产业的发展提供了足够的政策扶持，意义重大，充分显示广东省扶持预制菜产业高质量发展的坚定决心。

从当前的市场竞争情况来看，广东预制菜产业总体上还是以中小型企业为主，市场集中度低，地域特点明显。广东地域经济发展不均衡，不同地域的物产丰富程度不同，造成了不同地域群众的饮食习惯和口味的差异。预制菜的生产主要依靠冷藏运输，因此，生产企业的配送半径受到了物流成本和产品鲜度的制约。当前，预加工食品生产企业往往仅限于某一区域，还没有形成全省领先的预加工食品生产企业。随着社会经济发展和粤港澳大湾区规划落地，区域内交通大枢纽形成，湾区的经济交流和人文互动进一步加深，湾区间的经贸往来、人文交往将会对广东的发展起到推动作用。

广东预制菜企业的主要顾客为本地的各类加盟商（含生鲜食品店、农贸市场摊贩和超市），少部分商品直接销往饭店和终端消费者手中。加盟商因为零售值高，其涵盖的范围不大，产品的宣传也受到限制。因此，要想在激烈的市场竞争中获得一席之地，就必须加强品牌建设和维护，树立良好企业形象。品牌营销需要投入大量资金进行广告宣传。当前，业内企业已经开始关注品牌建设问题，品牌形象与产品经济效用紧密相关，产品经济效用价值有时候可以成为消费者价值感知的核心或唯一组成，但是需要注意，打造品牌，不能舍本逐末，要以产品经济效应的提升为基础。

打造优质、绿色的广东预制菜品牌

发达国家实践经验表明，食品行业协会能够用自己的自律机制参与到食品安全监管之中，在推动行业自律、整合行业资源和提供教育培训服务，以及构建政府职能部门和行业之间的沟通平台等方面有着非同小可的作用。通过政府引导，建立预制菜质量安全监管规范，逐步建立和完善从田头到餐桌等一系列预制菜标准，初步形成大湾区预制菜行业特色标准体系，主动引导预制菜行业实现自律、有序发展。

发展预制菜产业，是广东省在RCEP背景下拥抱国际市场、推动乡村产业振兴的重要抓手之一。应扩大预制菜产业集群的规模，打造一批预制菜产业园以形成其集聚效应。利用广东特色农业和粤菜品牌优势促进预制菜产业企业及上下游产业链配套企业集中入园，加快打造国内和世界上具有影响力的预制菜生产高地，引领广东预制菜产业优质发展。同时，打造预制菜产业链，强化行业上中下游各主体协同作业和整合。坚持预制菜产业集约化和规模化发展，立足已有现代农业、食品加工和冷链物流园区等建设基础打造预制菜省级农业园区，同时将预制菜元素因地制宜地融合到已有省级现代农业园区内，并与其他县区预制菜相关产业跨县对接，推动广东预制菜产业不断发展。

预制菜生产和发展进程中，品牌建设显得格外重要，品牌建设为广东预制菜品高效益提供了保障。所以，在今后的发展中，需要增强品牌意识，树立广东预制菜相关品牌，并且要做好品牌培育及推广工作，严格把关生产与预制菜质量，根据规范要求，将广东预制菜科学分类，全面提高产品质量。与此同时，在预制菜销售后期，要使用统一包装出售，进一步提高产品品牌影响力及知名度，充分提升广东预制菜的品牌形象。政府要提高对广东预制菜开发的关注度，并在将广东预制菜创建作为主要任务的前提下，与相关销售及加工企业密切合作，持续改善广东预制菜的生产及供应结构，充分发挥广东预制菜品牌在地方经济发展进程中的最佳效益及价值。

产学研结合是企业、科研机构和高校的一种新型合作模式。在我国经济发展过程中，产学研合作已经成为推动社会生产力和科技水平快速提升的重要动力。随着市场经济的不断深化与完善，产学研合作模式也得到了进一步拓展，能推动技术创新所需要的各生产要素进行有效组合，把预制菜产业人才培养列入“粤菜师傅”项目，鼓励职业院校包括技工学校、普通高校开设相关专业课程，促进预制菜“产、学、研、用”基地的发展。因此，促进产学研合作培养预制菜产业人才是非常必要的。

（来源：《农产品加工》）

罗锋　黄宏　马梦婷：广东对RCEP国家农产品出口贸易潜力研究

罗锋　佛山科学技术学院经济管理学院教授，博士，研究方向为产业经济、技术创新与国际贸易

黄宏　佛山科学技术学院经济管理学院，硕士研究生（2020级）

马梦婷　佛山科学技术学院经济管理学院，硕士研究生（2020级）

《区域全面经济伙伴关系协定》于2020年11月正式签署，并于2022年1月1日起正式生效。RCEP的成员国有中国、文莱、柬埔寨、印度尼西亚、老挝、马来西亚、菲律宾、新加坡、泰国、缅甸、越南、日本、韩国、澳大利亚和新西兰等15个国家。RCEP成员国是广东重要的农产品出口市场。近年来，广东对RCEP国家农产品出口保持增长态势，《广东统计年鉴（2022）》数据显示，2021年1月至10月，广东对RCEP国家农产品出口额为18.8亿美元，同比增长7.4％。根据RCEP协定的相关规则，RCEP协定正式生效后，无疑将对广东农产品贸易产生极大利好，广东该如何抓住这一机遇，扩大农产品出口，是当前值得研究的一个课题。

广东对 RCEP 国家农产品出口贸易特点

一、出口规模不断扩大

2002—2020年间，广东对RCEP国家农产品出口规模总体呈现增长趋势。数据显示，2002年广东出口RCEP国家农产品贸易额达6.16亿美元，到2020年贸易额达到21.79亿美元，是2002年贸易额的3.53倍，年平均增长率达7.27％。具体而言，2002—2014年间，除2007年、2008年因金融危机有小幅下降外，贸易额呈现稳步上升态势；2014—2015年间，贸易额出现了短暂下降；2015—2019年间，贸易额实现持续增长；2019年以来，由于受2020年新冠疫情暴发带来的持续影响，广东对RCEP国家农产品出口贸易额增幅较小。总体来说，广东与RCEP国家农产品贸易方面的合作正在不断深化。

二、农产品出口结构集中

借鉴王月和程景民的分类方法，将农产品分为三大类：第一大类是动物类农产品（对应表1的1—5章），第二大类是果蔬类农产品（对应表1的6—15章），第三大类是食品加工类农产品（对应表1的16—24章）。

表1 基于HS编码的农产品分类

类别	HS章节代码及对应产品
第一大类：动物类产品	1. 活动物；2. 肉及食用杂碎；3. 鱼、甲壳动物、软体动物及其他水生无脊椎动物；4. 乳品、蛋品、天然蜂蜜、其他食用动物产品；5. 其他动物产品
第二大类：果蔬类产品	6. 活树及其他活植物、鲜茎、根及类似品、插花及装饰用簇叶；7. 食用蔬菜、根及块茎；8. 食用水果及坚果；甜瓜或柑橘属水果的果皮；9. 咖啡、茶、马黛茶及调味香料；10. 谷物；11. 制粉工业产品、麦芽、淀粉、菊粉、面筋；12. 油子仁及果实、杂项子仁及果实、工业用或药用植物、稻草、秸秆及饲料；13. 虫胶、树胶、树脂及其他植物液、汁；14. 编织用植物材料、其他植物产品；15. 动、植物油、脂及其分解产品，精制的食用油脂、动、植物蜡
第三大类：食品加工类产品	16. 肉、鱼、甲壳动物、软体动物及其他水生无脊椎动物的制品；17. 糖及糖食；18. 可可及可可制品；19. 谷物、粮食粉、淀粉或乳制品；糕饼点心；20. 蔬菜、水果、坚果或植物其他部分的制品；21. 混杂的可食用原料；22. 饮料、酒及醋；23. 食品工业残渣废料、动物饲料；24. 烟草、烟草及烟草代用品的制品

本文选取了广东对RCEP国家出口贸易额排名位于前六名的农产品进行分析。《中国海关统计年鉴》显示，2020年，这六种农产品贸易额之和占广东全年对RCEP国家出口贸易总值的比重超过了60%。2002—2020年间，第3章（鱼、甲壳动物、软体动物及其他水生无脊椎动物）和第16章（肉、鱼、甲壳动物、软体动物及其他水生无脊椎动物的制品）这两章产品的变化幅度最大。

此外，除个别年份，第16章（肉、鱼、甲壳动物、软体动物及其他水生无脊椎动物的制品）在广东农产品出口总额中占比最高，其中，2006年出口额达到最高值4.11亿美元，占比39%，但其所占比重总体呈现下降趋势，占总额的比例由2002年的27%降至2020年的13%。相较于第3章和第16章农产品，第7章（食用蔬菜、根及块茎）农产品出口额总体呈现小幅度下降趋势，但近几年呈现出小幅攀升态势，而第17章（糖及糖食）、第20章（蔬菜、水果、坚果或植物其他部分的制品）以及第21章（混杂的可食用原料）等农产品出口额总体有所增长，但增长幅度不大。

三、农产品贸易潜力分析

在农产品贸易潜力方面，印度尼西亚、菲律宾、泰国、新加坡、越南、文莱、缅甸、日本、韩国、澳大利亚和新西兰属于贸易潜力开拓型国家。其中，韩国的平均潜力值最小，其

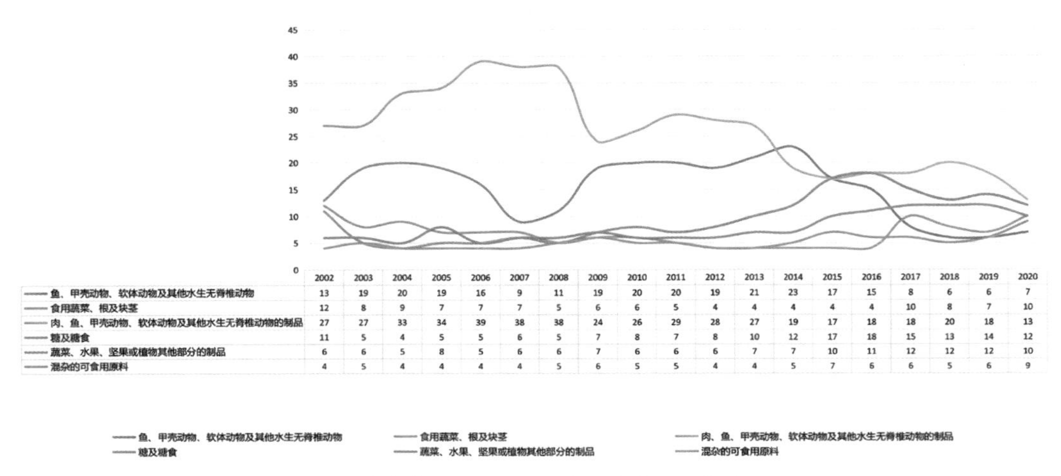

	2002	2003	2004	2005	2006	2007	2008	2009	2010	2011	2012	2013	2014	2015	2016	2017	2018	2019	2020
鱼、甲壳动物、软体动物及其他水生无脊椎动物	13	19	20	19	16	9	11	19	20	20	19	21	23	17	15	8	6	6	7
食用蔬菜、根及块茎	12	8	9	7	7	7	5	6	6	5	4	4	4	4	4	10	8	7	10
肉、鱼、甲壳动物、软体动物及其他水生无脊椎动物的制品	27	27	33	34	39	38	38	24	26	29	28	27	19	17	18	18	20	18	13
糖及糖食	11	5	4	5	5	6	5	7	8	7	8	10	12	17	18	15	13	14	12
蔬菜、水果、坚果或植物其他部分的制品	6	6	5	8	5	6	6	7	6	6	6	7	7	10	11	12	12	12	10
混杂的可食用原料	4	5	4	4	4	4	5	6	5	5	4	4	5	7	6	6	5	6	9

图1　广东出口RCEP国家主要农产品所占比重

潜力值为0.813；新加坡的平均值最大，其潜力值为1.127。这表明，广东对RCEP这11个国家的农产品出口贸易仍存在一定的潜力，可通过一系列途径进一步提升。属于贸易潜力再造型的国家有马来西亚和柬埔寨，其平均潜力值均大于1.2。这意味着，在出口农产品方面，广东与马来西亚和柬埔寨已经建立了紧密的农产品贸易关系，广东对马来西亚和柬埔寨农产品出口贸易的潜力也得到了发挥，同时，这也说明在这两国的出口市场进一步扩大的空间比较小了。对于出口潜力再造型国家，广东在保持现有产品竞争优势的同时，也要积极转变对外出

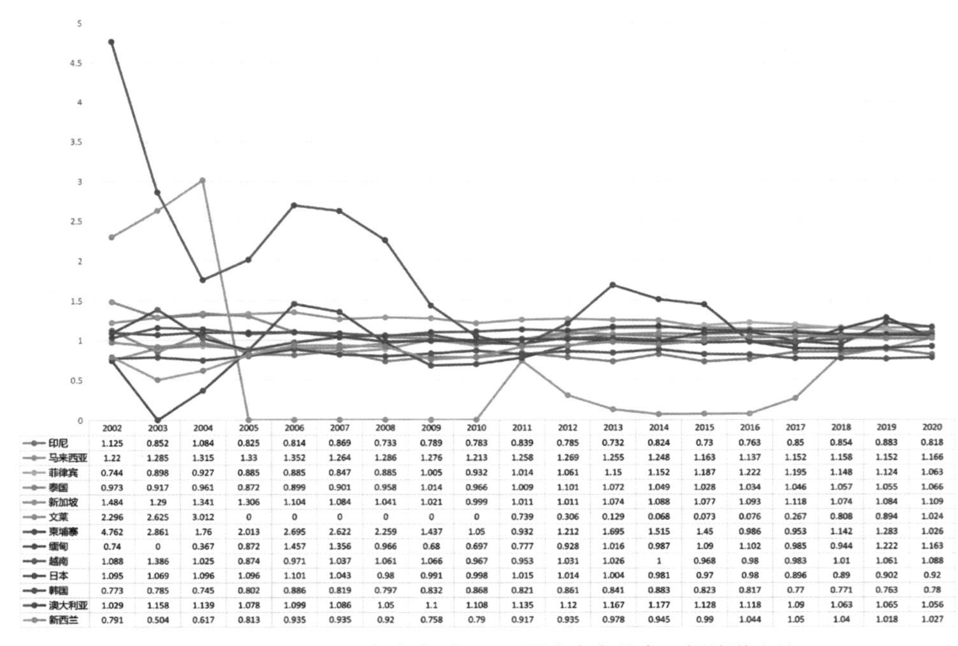

	2002	2003	2004	2005	2006	2007	2008	2009	2010	2011	2012	2013	2014	2015	2016	2017	2018	2019	2020
印尼	1.125	0.852	1.084	0.825	0.814	0.869	0.733	0.789	0.783	0.839	0.785	0.732	0.824	0.73	0.763	0.85	0.854	0.883	0.818
马来西亚	1.22	1.285	1.315	1.33	1.352	1.264	1.286	1.276	1.213	1.258	1.269	1.255	1.248	1.163	1.137	1.152	1.158	1.152	1.166
菲律宾	0.744	0.898	0.927	0.885	0.885	0.847	0.885	1.005	0.932	1.014	1.061	1.15	1.152	1.187	1.222	1.195	1.148	1.124	1.063
泰国	0.973	0.917	0.961	0.872	0.899	0.901	0.958	1.014	0.966	1.009	1.101	1.072	1.049	1.028	1.034	1.046	1.057	1.055	1.066
新加坡	1.484	1.29	1.341	1.306	1.104	1.084	1.041	1.021	0.999	1.011	1.011	1.074	1.088	1.077	1.093	1.118	1.074	1.084	1.109
文莱	2.296	2.625	3.012	0	0	0	0	0	0	0.739	0.306	0.129	0.068	0.073	0.076	0.267	0.808	0.894	1.024
柬埔寨	4.762	2.861	1.76	2.013	2.695	2.622	2.259	1.437	1.05	0.932	1.212	1.695	1.515	1.45	0.986	0.953	1.142	1.283	1.026
缅甸	0.74	0	0.367	0.872	1.457	1.356	0.966	0.68	0.697	0.777	0.928	1.016	0.987	1.09	1.102	0.985	0.944	1.222	1.163
越南	1.088	1.386	1.025	0.874	0.971	1.037	1.061	1.066	0.967	0.953	1.031	1.026	1	0.968	0.98	0.983	1.01	1.061	1.088
日本	1.095	1.069	1.096	1.096	1.101	1.043	0.98	0.991	0.998	1.015	1.014	1.004	0.981	0.97	0.98	0.896	0.89	0.902	0.92
韩国	0.773	0.785	0.745	0.802	0.886	0.819	0.797	0.832	0.868	0.821	0.861	0.841	0.883	0.823	0.817	0.77	0.771	0.763	0.78
澳大利亚	1.029	1.158	1.139	1.078	1.099	1.086	1.05	1.1	1.108	1.135	1.12	1.167	1.177	1.128	1.118	1.09	1.063	1.065	1.056
新西兰	0.791	0.504	0.617	0.813	0.935	0.935	0.92	0.758	0.79	0.917	0.935	0.978	0.945	0.99	1.044	1.05	1.04	1.018	1.027

图2　2002—2020年广东对RCEP国家农产品出口额的潜力值

口方式，不断提升出口农产品的质量和附加值以获取新的竞争优势。值得特别关注的是，自2017年以来，广东对韩国农产品出口潜力值都低于0.8，可见，广东对韩国农产品出口仍有巨大的贸易潜力有待挖掘。

在细分农产品潜力方面，动物类农产品（见图3）、果蔬类农产品（见图4）和食品加工类农产品（见图5）的潜力值均在0.8—1.2之间，均属于贸易潜力开拓型，这表明三类产品在RCEP国家均有一定的市场，但仍有一定的空间有待挖掘。其中，在动物类农产品贸易潜力方面，自中国与东盟签订自由贸易协定以来，文莱、柬埔寨的贸易潜力实现小幅度增长，印度尼西亚与韩国的贸易潜力有所下降，因此广东应在现有的优势条件下，继续出口具有比较优势的动物类农产品。果蔬类和食品加工类农产品出口贸易潜力变化幅度不大。

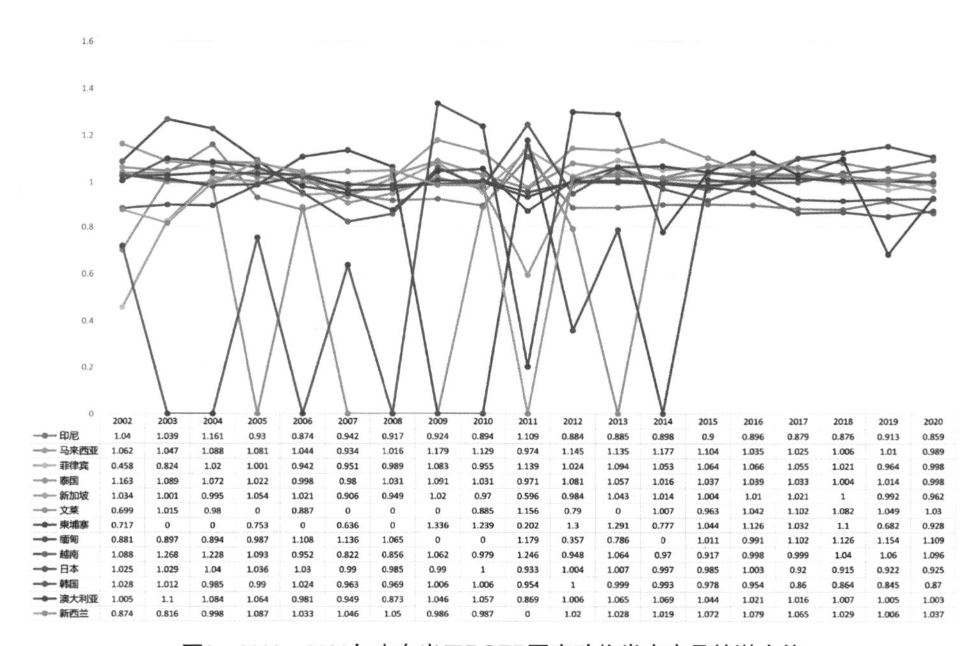

	2002	2003	2004	2005	2006	2007	2008	2009	2010	2011	2012	2013	2014	2015	2016	2017	2018	2019	2020
印尼	1.04	1.039	1.161	0.93	0.874	0.942	0.917	0.924	0.894	1.109	0.884	0.885	0.898	0.9	0.896	0.879	0.876	0.913	0.859
马来西亚	1.062	1.047	1.088	1.081	1.044	0.934	1.016	1.179	1.129	0.974	1.145	1.135	1.177	1.104	1.035	1.025	1.006	1.01	0.989
菲律宾	0.458	0.824	1.02	1.001	0.942	0.951	0.989	1.083	0.955	1.139	1.024	1.094	1.053	1.064	1.066	1.055	1.021	0.964	0.998
泰国	1.163	1.089	1.072	1.022	0.998	0.98	1.031	1.091	1.031	0.971	1.081	1.057	1.016	1.037	1.039	1.033	1.004	1.014	0.998
新加坡	1.034	1.001	0.995	1.054	1.021	0.906	0.949	1.02	0.97	0.596	0.984	1.043	1.014	1.004	1.01	1.021	1	0.992	0.962
文莱	0.699	1.015	0.98	0	0.887	0	0	0	0.885	1.156	0.79	0	1.007	0.963	1.042	1.102	1.082	1.049	1.03
柬埔寨	0.717	0	0	0.753	0	0.636	0	1.336	1.239	0.202	1.3	1.291	0.777	1.044	1.126	1.032	1.1	0.682	0.928
缅甸	0.881	0.897	0.894	0.987	1.108	1.136	1.065	0	0	1.179	0.357	0.786	0	1.011	0.991	1.102	1.126	1.154	1.109
越南	1.088	1.268	1.228	1.093	0.952	0.822	0.856	1.062	0.979	1.246	0.948	1.064	0.97	0.917	0.998	0.999	1.04	1.06	1.096
日本	1.025	1.029	1.04	1.036	1.03	0.99	0.985	0.99	1	0.933	1.004	1.007	0.997	0.985	1.003	0.92	0.915	0.922	0.925
韩国	1.028	1.012	0.985	0.99	1.024	0.963	0.969	1.006	1.006	0.954	1	0.999	0.993	0.978	0.954	0.86	0.864	0.845	0.87
澳大利亚	1.005	1.1	1.084	1.064	0.981	0.949	0.873	1.046	1.057	0.869	1.006	1.065	1.069	1.044	1.021	1.016	1.007	1.005	1.003
新西兰	0.874	0.816	0.998	1.087	1.033	1.046	1.05	0.986	0.987	0	1.02	1.028	1.019	1.072	1.079	1.065	1.029	1.006	1.037

图3　2002—2020年广东出口RCEP国家动物类农产品的潜力值

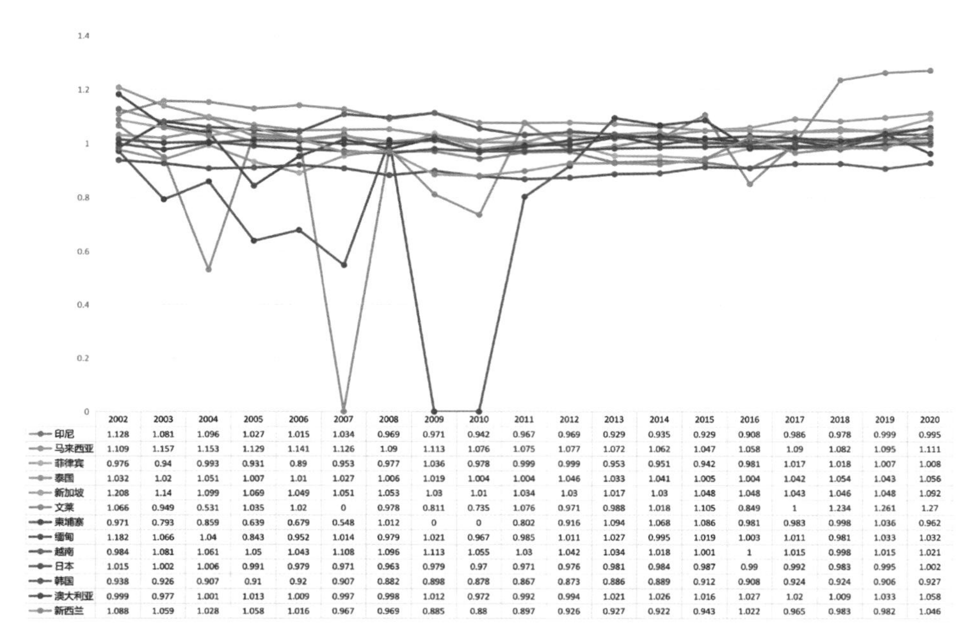

	2002	2003	2004	2005	2006	2007	2008	2009	2010	2011	2012	2013	2014	2015	2016	2017	2018	2019	2020
印尼	1.128	1.081	1.096	1.027	1.015	1.034	0.969	0.971	0.942	0.967	0.969	0.929	0.935	0.929	0.908	0.986	0.978	0.999	0.995
马来西亚	1.109	1.157	1.153	1.129	1.141	1.126	1.09	1.113	1.076	1.075	1.077	1.072	1.062	1.047	1.058	1.09	1.082	1.095	1.111
菲律宾	0.976	0.94	0.993	0.931	0.89	0.953	0.977	1.036	0.978	0.999	0.999	0.953	0.951	0.942	0.981	1.017	1.018	1.007	1.008
泰国	1.032	1.02	1.051	1.007	1.01	1.027	1.006	1.019	1.004	1.004	1.046	1.033	1.041	1.005	1.004	1.042	1.054	1.043	1.056
新加坡	1.208	1.14	1.099	1.069	1.049	1.051	1.053	1.03	1.01	1.034	1.03	1.017	1.03	1.048	1.048	1.043	1.046	1.048	1.092
文莱	1.066	0.949	0.531	1.035	1.02	0	0.978	0.811	0.735	1.076	0.971	0.988	1.018	1.105	0.849	1	1.234	1.261	1.27
柬埔寨	0.971	0.793	0.859	0.639	0.679	0.548	1.012	0	0	0.802	0.916	1.094	1.068	1.086	0.981	0.983	0.998	1.036	0.962
缅甸	1.182	1.066	1.04	0.843	0.952	1.014	0.979	1.021	0.967	0.985	1.011	1.027	0.995	1.019	1.003	1.011	0.981	1.033	1.032
越南	0.984	1.081	1.061	1.05	1.043	1.108	1.096	1.113	1.055	1.03	1.042	1.034	1.018	1.001	1	1.015	0.998	1.015	1.021
日本	1.015	1.002	1.006	0.991	0.979	0.971	0.963	0.979	0.97	0.971	0.976	0.981	0.984	0.987	0.99	0.992	0.983	0.995	1.002
韩国	0.938	0.926	0.907	0.91	0.92	0.907	0.882	0.898	0.878	0.867	0.873	0.886	0.889	0.912	0.908	0.924	0.924	0.906	0.927
澳大利亚	0.999	0.977	1.001	1.013	1.009	0.997	0.998	1.012	0.972	0.992	0.994	1.021	1.026	1.016	1.027	1.02	1.009	1.033	1.058
新西兰	1.088	1.059	1.028	1.058	1.016	0.967	0.969	0.885	0.88	0.897	0.926	0.927	0.922	0.943	1.022	0.965	0.983	0.982	1.046

图4　2002—2020年广东出口RCEP国家果蔬类农产品的潜力值

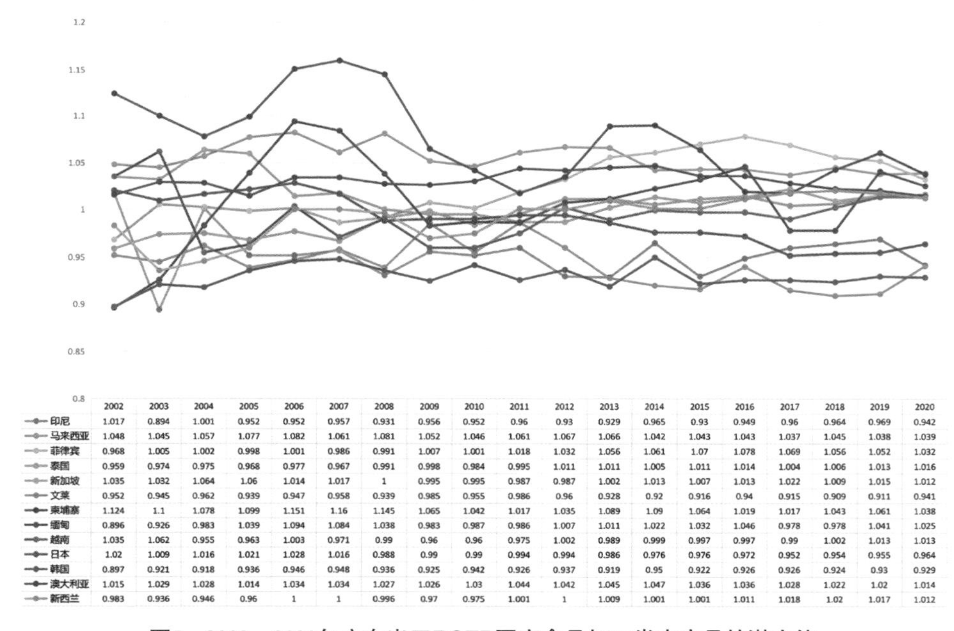

	2002	2003	2004	2005	2006	2007	2008	2009	2010	2011	2012	2013	2014	2015	2016	2017	2018	2019	2020
印尼	1.017	0.894	1.001	0.952	0.952	0.957	0.931	0.956	0.952	0.96	0.93	0.929	0.965	0.93	0.949	0.96	0.964	0.969	0.942
马来西亚	1.048	1.045	1.057	1.077	1.082	1.061	1.081	1.052	1.046	1.061	1.067	1.066	1.042	1.043	1.043	1.037	1.045	1.038	1.039
菲律宾	0.968	1.005	1.002	0.998	1.001	0.986	0.991	1.007	1.001	1.018	1.032	1.056	1.061	1.07	1.078	1.069	1.056	1.052	1.032
泰国	0.959	0.974	0.975	0.968	0.977	0.967	0.991	0.998	0.984	0.995	1.011	1.011	1.005	1.011	1.014	1.004	1.006	1.013	1.016
新加坡	1.035	1.032	1.064	1.06	1.014	1.017	1	0.995	0.995	0.987	0.987	1.002	1.013	1.007	1.013	1.022	1.009	1.015	1.012
文莱	0.952	0.945	0.962	0.939	0.947	0.958	0.939	0.985	0.955	0.986	0.96	0.928	0.92	0.916	0.94	0.915	0.909	0.911	0.941
柬埔寨	1.124	1.1	1.078	1.099	1.151	1.16	1.145	1.065	1.042	1.017	1.035	1.089	1.09	1.064	1.019	1.017	1.043	1.061	1.038
缅甸	0.896	0.926	0.983	1.039	1.094	1.084	1.038	0.983	0.987	0.986	1.007	1.011	1.022	1.032	1.046	0.978	0.978	1.041	1.025
越南	1.035	1.062	0.955	0.963	1.003	0.971	0.99	0.96	0.96	0.975	1.002	0.989	0.999	0.997	0.997	0.99	1.002	1.013	1.013
日本	1.02	1.009	1.016	1.021	1.028	1.016	0.988	0.99	0.99	0.994	0.994	0.986	0.976	0.976	0.972	0.952	0.954	0.955	0.964
韩国	0.897	0.921	0.918	0.936	0.946	0.948	0.936	0.925	0.942	0.926	0.937	0.919	0.95	0.922	0.926	0.926	0.924	0.93	0.929
澳大利亚	1.015	1.029	1.028	1.014	1.034	1.034	1.027	1.026	1.03	1.044	1.042	1.045	1.047	1.036	1.036	1.028	1.022	1.02	1.014
新西兰	0.983	0.936	0.946	0.96	1	1	0.996	0.97	0.975	1.001	1	1.009	1.001	1.001	1.011	1.018	1.02	1.017	1.012

图5　2002—2020年广东出口RCEP国家食品加工类农产品的潜力值

广东对 RCEP 国家农产品出口贸易建议

第一，广东对RCEP国家农产品出口贸易规模呈现增长态势，出口的农产品呈现聚集现象。出口产品集中在水生动物产品类、食用蔬菜类、肉及动物制品类、糖及糖食类、果蔬类以及混杂的可食用原料类等六类农产品。

第二，影响广东省总体农产品和细分农产品出口额的因素存在一定的差异。RCEP国家人均GDP、人口规模和外贸开放度对广东总体和细分农产品出口贸易均呈显著正向作用；广东人均生产总值对总体农产品和果蔬类农产品有显著正向作用，但对动物类和食品加工类农产品作用不显著；是否加入自由贸易协定对总体农产品、果蔬类农产品和食品加工类农产品出口贸易的影响显著为正，但对动物类农产品作用不显著；加入亚太经合组织的时间长短对总体农产品和食品加工类农产品呈显著的正向作用，但对果蔬类农产品呈显著负向作用，对动物类农产品呈不显著正向作用；空间距离对总体农产品和细分农产品出口的影响均不显著。

第三，在总体农产品贸易潜力方面，印度尼西亚、菲律宾、泰国、新加坡、越南、缅甸、文莱、日本、澳大利亚和新西兰属于“贸易潜力开拓型”；马来西亚和柬埔寨属于“贸易潜力再造型”，贸易产品结构有待调整。值得关注的是，自2017年以来，广东对韩国农产品出口潜力值低于0.8，属于“贸易潜力巨大型”，表明广东对韩国农产品出口贸易潜力尚未被充分挖掘。在细分农产品贸易潜力方面，三类细分农产品均属于“贸易潜力开拓型”，均存在较大的贸易潜力空间。

建议相关部门要加快做好RCEP生效实施有关工作，也要加快建设RCEP农产品贸易信息交流平台，还要抓紧完善动植物检疫标准和制度，为广东省农产品出口提供更细致的操作指引。

根据现状分析来看，广东农产品的出口结构还不太合理，出口品种具有集聚性。因此，首先，要优化农产品的出口结构。广东具有比较优势的农产品是果蔬及果蔬制品、鱼及鱼制品、糖和可食用的原料。广东应充分发挥自身优势，提升优势农产品的国际竞争力，更好地占领海外市场，尤其要关注对韩国的农产品出口。

其次，要积极扶持农产品出口企业发展，提高农产品出口竞争力。广东要加大农业政策扶持力度，激发企业创新活力，积极培育农产品出口经营主体，引导企业提高农产品质量，以满足消费者的需求，进而促进对RCEP国家的农产品出口。

最后，要深化与RCEP国家的农产品贸易合作，持续扩大出口。针对不同贸易潜力类型的RCEP国家，广东要制定具体的贸易发展策略，优先开发贸易潜力开拓型和贸易潜力巨大型国家的农产品市场，扩大出口。对于贸易潜力开拓型和贸易潜力巨大型国家，要对其进行合理规划，明确重点贸易国家以及重点贸易产品，通过全产业链建设，大力生产具有广东本地特色的农产品（如水产品、热带水果等）和地理标志农产品。对于贸易潜力再造型的国家，如马来西亚和柬埔寨，可以通过食品加工环节创造新的贸易增长点，优化农产品贸易结构。

（来源：《佛山科学技术学院学报》）

林飞：
“天价”鸡胸肉后，预制菜是救赎？

林飞　广东预制菜产业北美发展中心理事长

2022年2月以来，受俄乌战争影响，加拿大通货膨胀日益严重，燃料、食品等生活必需品“涨”声不断。

2022年5月，加拿大的平均汽油价格达到每升1.97加元（约合人民币9.97元），创下历史新高。在新冠肺炎疫情刚开始时，加拿大油价曾经不到1加元/升。如今，加拿大油价虽有回落，但截至2023年1月7日，多伦多油价依然高达1.41加元/升。

油价翻番，自然会影响到社会方方面面，食品价格也不例外。

最近，网友Siobhan Morris在推特上发布了一张图片，显示多伦多Lob laws超市正在售卖的2斤多盒装鸡胸肉，竟然要37加元（约合185元）。这张图片引发了广泛共鸣，该帖浏览量超过230万次，3000多名网友在评论区“吐槽”加拿大的物价。

第13版加拿大食品价格报告预测，加拿大食品价格在新的一年将继续上涨。预计2023年，一般食品杂货成本将上涨7％。报告称，对于一个四口之家来说，年度食品杂货总账单预计为1.62万加元（约合8.2万元），比2022年多出1065加元（约合5393元）。

不仅仅是日常食品购买，加拿大人去外面“下馆子”也越来越贵。据当地媒体报道，现在多伦多食品餐馆涨价已经出现了“多米诺骨牌效应”。多伦多部分餐馆负责人已经懒得重新印菜单了，直接在现有的菜单上“贴条加价”。

一位厨师兼经理透露，员工工资有待提高，现在的供应链问题让外卖也被推上风口浪尖，包装成本让外卖价格上升35％。“那些打包盒、餐巾纸、纸盒等餐具，盐、胡椒粉、番茄酱等调料，居然要3.5—8加元。”

有华人网友在社交平台上表示，现在出去点几个粥和面，3人都要50加元起（约合253元）。另一名网友表示，外卖干炒牛河要20加元，鱼肚羹居然要30加元。

而两年前，韩餐猪骨汤只要8.99加元。现在，价格比较便宜的韩餐，每道菜价格都已接近20加元。

在这样的背景下，正在中国广东发展得如火如荼的预制菜产业，在加拿大华人群体中引起了广泛注意。

“加拿大虽然早有预制菜，但在技术和理念方面，多年不变，口味上也没有创新。”在列治文山从事媒体和市场工作的Herry，十几年前从北京移居加拿大，他对国内预制菜产业的发展非常关注和了解。他认为，国内预制菜行业竞争激烈，各种菜系差异巨大，所以中国人在国内能享受到种类丰富的预制菜。他希望更多种类的广东预制菜能源源不断进入加拿大市场，让华人多一点选择，少一点支出。

在疫情初起时，在滑铁卢大学附近经营餐馆多年的张先生，生意大受影响。但后来渐渐发现，外卖生意不但不受影响，反而越来越好。现在，他的店里已不设堂食，全部转型为外卖服务。

滑铁卢大学是加拿大著名大学，习惯于国内口味的中国留学生众多，但是滑铁卢当地餐馆昂贵的价格和不太好吃的食物，让这些海外学子备受困扰。“如果有货源丰富且价格合理的国内预制菜，我愿意大量进货。”张先生说，“这样不但可以显而易见降低经营餐馆成本，更能吸引华人顾客的青睐。”

1998年随家人从广州移民多伦多的李小姐，2012年回到广州，在建设六马路和六运小区都开过网红餐厅。两年前，她被迫关闭餐馆，回到了多伦多，但越来越想念广州。“在广州六运小区的店，我只雇了一个员工，没有传统意义上的后厨，预制菜帮了大忙。”李小姐说，“只需要把菜品加热，一道健康美味的菜肴就出炉了。”她说，多伦多买不到像国内那么丰富的预制菜，否则她会考虑在多伦多重操旧业。

加拿大中餐与酒店管理协会创会会长Catherine Hou表示，加盟连锁、共享及中央厨房、预制菜等领域成为新的趋势——预制菜很可能成为新的财富密码。

（来源：《南方农村报》）

郭楠：
工业发达的德国，预制菜发展如何？

郭楠 德国波恩大学生态营养学硕士毕业，德国国际技术转移协会中国事务负责人，现居德国

预制菜在中国或将成为消费者的新宠儿。《2021中国预制菜行业市场前景及投资研究报告》显示，目前中国预制菜市场存量约为3000亿元，如果按照每年20％的复合增长速度估算，未来6—7年中国预制菜行业有望实现3万亿元以上规模。

德国作为世界工业大国，预制菜的发展情况如何？德国对预制菜的定义和分类非常详细，德国营养学百科全书把预制菜定义为“方便食品”，其英文是“convenience food”，即便利、舒适，这是工业加工食品的术语。预制菜的某些“准备和加工的步骤”由生产企业完成。除节省时间和可以更方便地准备食物外，根据其加工程度，预制菜同时提供了特定的菜谱、具备特定的质量标准，且味道始终如一、具有保质期，对于规模大的消费者（比如大型食堂和餐饮业）来说，使用预制菜节省了设备和投资成本，同时可以减少部分运输成本。

同时，营养全书又把方便食品分成了两大类：部分即食食品和即食食品（即食餐）。即食餐指的是完整的餐食，可以现吃或只需要简短地重新加热，如鱼罐头、烘焙食品。

部分即食食品又被细分为：烹调前需还要准备的食品，如蔬菜、水果或切完的肉；只需烹调的食品，如面条、准备好的蔬菜、已腌制的肉类、冷冻薯条；只需浇淋或者搅拌的食品，如土豆泥粉、速食汤包；已准备好并已烹调、只需加热或混合的食品，如冷冻即食食品、微波炉餐等。

通过冷冻、冷却、巴氏杀菌、干燥、保鲜、酸化或惰性气体包装等方法，方便食品可以更长时间保鲜。但每种方法都影响到储存、进一步加工的类型以及方便食品的质量。生产商须要根据产品的特性按照标准谨慎选择。

事实上，80％—90％的食品都是以初步加工过的形式到达消费者手中，方便食品的制造商也正在适应当前趋势，将市场更加细分。例如，为单身人士或老年人提供更小包装，更适合用微波炉或烤面包机处理的零食、素食和纯素产品、清真和犹太教食品或为有食物不耐受的人提供的所谓“Free From（不含有某种物质）”的产品都在增加。

中德两国在饮食习惯、食物偏好、菜谱结构和餐饮口味相差较大，德国消费者经常购买的方便食品有哪些呢？据统计，2015年德国超过90％的家庭至少购买过一次以下方便食品：酱料、肉类、鱼类和海产品、蔬菜、蘑菇、豆类、烘焙产品和零食等；80％—90％的家庭购买了土豆、水果、谷物、甜点和涂抹类产品；50％—70％的家庭购买了汤、肉汤、炖菜、早餐谷物和麦片类产品。在食品零售业中，最经常购买的干货产品是谷物、早餐谷物和零食，如麦片、速食汤包，巧克力棒等；最经常购买的罐装产品包括肉/肉制品、鱼/海鲜、动物性食品替代品、冷藏甜点、蔬菜、蘑菇、豆类、水果和涂抹物；经常购买的冷冻产品是烘焙食品和土豆制品，如比萨、冷冻面包、蛋糕、薯条、薯片。

在德国，几乎95％的消费者每月至少购买一次冷冻食品。其中，冷冻比萨的销售额最高，超12亿欧元。然而，在冷冻食品总销售额中占比最高的却是烘焙食品，如冷冻早餐面包和蛋糕。冷冻烘焙食品几乎占了总销售额的四分之一，而比萨仅占不到10％。

除冷冻食品外，干式即食和湿式即食在方便食品中也占有重要地位，如水果和蔬菜罐头、汤类。2019年，全德国速食汤的销量额约15亿欧元，尤其是湿式汤。即食湿式汤（如罐装汤）的销售额最高，达4.75亿欧元；即食干式汤（如袋装汤）的销售额约3.39亿欧元。蔬菜罐头在罐头食品领域占绝对主导地位，德国目前蔬菜罐头的生产量为108万吨，水果罐头的生产量约17.31万吨。在德国，人均消费约13.1公斤的罐装蔬菜和5.2公斤的罐装水果。

在德国，大约有64家公司活跃在方便食品的生产领域，雇用了大约15 500名员工。其中大多数企业是中等规模，即雇员少于250人。这些企业在2019年实现了39亿欧元的销售额，而在2009年销售额仅为130万欧元。自那时以来，销售额已增加了两倍。大部分的产品都面向德国市场，只有大约15％的营业额来自国外。

在2021年的一项调查中，德国约有49.17％的受访者表示，决定购买方便食品最重要的因素是便宜的价格，其次是是否可以立即食用（47.74％），是否使用健康的配料（41.28％），是否减少包装（35.26％），是否新鲜制作（30.23％）。17.22％的受访者关注是否是有机食品，16％关注卡路里含量，12.48％的受访者关注是否是素食或者纯素食产品。由此可见，德国方便食品种类繁多，极大地提高了消费者的烹饪便利。不过，营养届对此仍持有保留看法。尽管方便食品的销售额在增加，它们在营养学领域的形象仍旧令人担忧。

对方便食品最大的批评是加工和保存导致的营养物质的损失，比如罐装蔬菜、使用化学添加剂和过多的包装，此外，高盐和高糖含量也是问题。德国的零售业建议，普通消费者可以根据具体情况来选择，因为产品之间有很大差异。例如，不加糖的冷冻水果或不含任何添加剂的罐装酱料值得推荐。但塑料瓶装的煎饼糊情况则不同，消费者可以非常迅速地制作食物，还不产生包装浪费。同时，零售业还提供“5分钟菜谱”，比如清洗和切碎蔬菜需要大量的时间，如果用冷冻产品代替会大大加快准备速度，而且在健康方面几乎没有任何损失，因为冷冻蔬菜的营养不比新鲜蔬菜差。通过这种方式，消费者既不用花几小时购物和在灶台前准备食物，又可以通过使用预制食品保证饮食的营养需求。

综上可见，和中国的预制菜相比，德国的方便食品定义更加广泛，配方相对简单，种类相对固定，冷冻食品的销售占比较大。除了快速、便利和营养，消费者也越来越关注食品质量和更好的生态可持续性。食品工业必然会在这些因素之间寻找到更加合理的平衡。

（来源：《南方农村报》）

梁芯畅：打破预制菜出口壁垒，掌握市场规则是关键

梁芯畅 欧盟经贸法规研究学者，德国汉诺威大学环境规划硕士

作为广东第四大贸易伙伴，欧盟有着成熟的预制菜消费群体，市场潜力不可低估。预制菜出口欧盟，可能会遇到哪些困难？面对挑战，企业应如何应对，才能在出口欧洲道路上走得更远更好？曾在德国居留十余年的欧盟经贸法规研究学者梁芯畅在接受南方农村报专访时表示，广东水产品预制菜出口前景广阔，但需熟悉欧盟的食品消费市场规则，才能进一步打开出口之路。

梁芯畅是欧盟经贸法规研究学者，在国际交流、商贸策展、招商引资、国际合作洽谈等方面有丰富的实践经验，参与过多项广东省与德国及欧盟其他国家重点合作项目的谈判和协调工作。2017年，全程参加为期10个月的由德国巴伐利亚州政府组织的第25届精英公务员管理培训班，是该培训班举办50多年来接纳的首位中国人，梁芯畅由此建立了与欧洲的政府机构、社会组织以及社会精英的广泛联系。

南方农村报：您如何看待目前全省组织化、系统化持续发力推动预制菜产业发展？

梁芯畅：预制菜是一个快速成长的新兴产业。预制菜的生产可以大大延长食品的保存期限，能减少农产品因为长时间存放造成的腐烂损失，而且通过深加工提高了产品附加值，一增一减，提高了农业的总体产值。但与传统的农产品销售相比，预制菜生产链涉及多环节的上下游企业，需要多个行业协同发展。

广东现有11个省级预制菜产业园，这种全国领先的发展优势正是来源于全省组织化、系统化持续发力推动，把与预制菜产业相关的多个行业资源聚集起来，以获得更综合更全面的信息，共同解决问题，为企业减负提速，使预制菜生产企业更专注于自身的发展。

南方农村报：您认为广东预制菜出口德国乃至欧盟的前景如何？

梁芯畅：广东预制菜出口德国乃至欧盟潜力很大，成长规模预期可观。

从饮食习惯来看，德国社会对冷冻食材的消费是习以为常的。相对于国内消费市场，德国乃至欧洲对预制菜有更高的接受度，有更强的消费习惯。德国人普遍不太喜欢在做饭上花费时间，大部分居民习惯于每周采购一到两次食品和生活用品，在食品采购中，冷冻类食材和速冻方便食品的比重相当高。预制菜大部分可以开封直接食用，或者只需简单烹调就可食用，符合他们的需求，很对他们图方便图快捷的习惯。

从食品消费来看，欧盟的食品消费市场不仅体量大，人均消费量也大。据德国某知名市场研究机构的数据，2023年德国人食品消费估算总额超过人民币17 000亿元，人均食品支出超过人民币20 000元/年（注：同一数据来源，中国人均支出为人民币6800元/年），其中肉类消费的比重超过22％，也就是人民币3800多亿元。由于德国缺乏水产养殖，水产品的进口比重很高。广东预制菜中的水产品正好弥补德国的消费市场缺口。

从产品接受度来看，粤菜作为中式菜肴的代表菜系，在德国，甚至在整个欧洲都有广泛的受众基础。用流量时代的话来说，中式餐饮很早就成为全球知名的美食IP。在欧洲，中餐馆更是遍地开花。我无论是在欧洲工作生活时，还是后来出差、旅行时，常常不期然看到中餐馆的身影，甚至在偏僻的小地方亦是如此。据统计，海外华人华侨有6000多万人，其中七成籍贯是广东，大多数中餐馆的经营者和消费者都属于这个群体。我认为，广东预制菜不仅能让华人华侨吃到家乡菜，体味乡情，也可方便喜爱中餐的德国人品尝美食。

从销售渠道来看，目前德国电商的销售影响力还不大，居民通过电商采购的食品占总销售额不到5％。德国居民采购食品的主要渠道还是几个大型连锁超市品牌的实体店。广东预制菜一旦打通连锁超市渠道进入德国市场，很快就能形成规模效应。

南方农村报：您是欧盟经贸法规研究学者，在您看来，广东预制菜企业要“走出去”，需要迈过哪些“门槛”？

梁芯畅：食品关系到居民的身体健康和生命安全，近年来，欧盟在不断提升食品质量安全标准，建立了更严格的检查机制，对进口食品从生产、加工、运输、销售等整个产业链条的所有环节都制定了相应的法律法规。欧盟严格的食品质量安全管理制度，使食品进口的“门槛”很高，在某种意义上说，造成了食品安全壁垒。

广东预制菜要进入德国等欧洲国家的千家万户，生产企业就要从对标欧盟进口食品的法律法规做起，逐步提高自身的水平和能力，完善自身的管理。

首先，企业要建立并有效运行食品安全卫生控制体系，确保产品生产的规范化和安全性，取得HACCP体系认证。其次，企业要在主管食品出口的海关部门做好备案，获得出口食品的企业资格。再次，企业要在海关申请，成为由海关推荐给欧盟的企业，进入欧盟体系里的注册名单，获得出口食品到欧盟的企业资格。最后，企业需要了解欧盟对出口食品的检验检疫项目、包装标签标准等法规要求，根据实际情况调整生产方式，确保生产的预制菜能通过欧盟的检测要求。

南方农村报：广东预制菜企业走出去会涉及哪些欧盟对进口食品的法律法规，您能举一些具体的例子吗？

梁芯畅：欧盟对进口食品的法律法规在不断更新，而且不仅仅局限于食品加工企业的生产环节，所以预制菜企业要与生产原料供应商例如养殖场、包材供应商、物流供应商等保持良好的沟通，以便能根据要求及时进行调整。以下我举三个例子：

一是与原料供应商有关的检验检疫项目。以欧盟针对我国制定的特殊法规为例，我国养殖水产品必须检测孔雀石绿和结晶紫，如果检测发现药物残留浓度达到或高于欧盟规定的药物残留测定限值，就会被禁止出口欧盟。

二是与包材供应商有关的包装标签标准。欧盟法规规定，如果产品可能含有甲壳类、鱼类、蛋类、花生等14种可能导致过敏或者不耐受反应的食品，就要在包装的标签里面注明。例如，预制菜企业的生产线上，可能既会生产海鱼预制菜，又会生产含虾、蟹的预制菜。那么，海鱼预制菜的包装上就要注明“可能含虾、蟹等成分”，因为有些消费者可能吃鱼没问题，但对虾、蟹过敏。

三是与物流供应商有关的法律规定。为了保证需要低温保存的食品在运输过程中不会发生变质，欧盟对运输工具也有条例规定。例如，企业出口含水产品的预制菜，不仅产品要按规定办理相关手续，用以冷藏运输预制菜的船只也要在欧盟申请注册。

南方农村报：您的研究将如何为预制菜产业发展服务？

梁芯畅：作为欧盟经贸法规研究学者，我虽然不是身在一线，仍感到肩上的责任很重。我希望通过不懈努力，为预制菜生产企业提供实现出口的明晰路径，这样企业就可以不必花费时间和精力去探索不熟悉的领域，减少试错成本，并在便利的专业化服务加持下，专注研究和提升自己的产品质量和管理水平，把企业做大做强。

我国的食品想进入欧盟市场并不容易，因为欧盟的食品安全管理制度很严格也很复杂，企业在与当地政府打交道的时候可能也会因为在思维方式、工作方式上存在差异或者因不了解当地法律法规和行政体系而遇到不少困难。我相信，我在欧盟经贸法规研究方面的积累，对德国、欧盟在食品进口方面最新政策的掌握，一定能够帮助广东预制菜企业攻克食品安全壁垒，先进入德国市场，在熟悉欧盟的食品消费市场规则后，再开拓其他欧盟国家。

（来源：《南方农村报》）

胡润：
发展预制菜产业是全球趋势

胡润　《胡润百富》创刊人

“发布胡润预制菜百强榜的初衷是鼓励创业、鼓励价值创造，希望有更多人关注预制菜这个新兴赛道。”胡润百富董事长兼首席调研官胡润在接受南方农村报记者专访时说。胡润在首届中国国际（佛山）预制产业大会上发布2023胡润中国预制菜生产企业百强榜（简称“胡润预制菜百强榜”），引行业瞩目。榜单分10强、30强、50强、100强四个等级，评出预制菜生产领域最具实力的中国百强企业，广东共20家企业上榜，数量居各省份之首。

南方农村报：这是全球首次发布胡润预制菜百强榜，是什么吸引您关注预制菜这个赛道呢？

胡润：我一直非常关注这些快速增长的赛道，发布榜单的初衷是鼓励创业、鼓励价值创造。经常有年轻人问我，现在我们应该多关心哪些赛道。除了AI等大家都知道的，还有很多好玩的赛道，预制菜产业便是其中之一。这是3500亿元规模的产业，且在疫情防控期间保持了20％的增长率，三四年之后可能就是万亿元级的产业。从3500亿元到1万亿元，多出来的这6500亿元是谁去挣？很有可能是你，有梦想的年轻创业者。

所以我也有这样一个梦想，希望通过这个榜单鼓励更多人关注预制菜赛道。农业以前挣钱是很不容易的，但是现在有农业加工、农业科技、农业现代化，再加上现在预制菜的发展思路，说不定会给大家带来一些启发。比如几个中山大学的校友看到这个榜单，提出一起做试试看，也许十年以后他们就是这个行业的“苹果”。谁知道呢？

南方农村报：胡润预制菜百强榜的评选标准是什么？准确性如何？

胡润：榜单评选共有四个维度：企业市值或估值、2021—2022年上半年企业在预制菜领域的投入与举措、企业预制菜业务在总体营收中的占比估算、企业重点预制菜产品在预制菜细分领域的市场份额。

我们先从中国几千家预制菜企业中筛选出了300多家生产企业，再从以上四个维度评选出TOP10、TOP30、TOP50和TOP100，每个等级内排名不分先后。

胡润榜到2023年已经走过24年，按人类读书算，现在应该是硕士研究生。我们一直都在做全球的榜单，榜单的标准适用于任何一个国家。这套体系也同样用在了胡润预制菜百强榜的评选上。大家可能觉得我不是中国人，所以评选中国预制菜企业不够专业。但我的团队都是来自各省的中国人，他们了解自己的国家。

南方农村报：胡润预制菜百强榜里面，广东有20家，为各省之最。榜单中还有哪些区域特点？

胡润：广东入选企业最多，这个是很有趣的。按照对预制菜发展的传统理解，可能会先想到山东省这样农业很发达的省。但实际上前五个省（市）排名是广东、上海、北京、福建、山东。从城市来看，前两名是上海、北京，佛山和广州并排第三。因为北京餐饮业很强，上海零售企业非常多，而广东是农业企业比较多，占了整个榜单农业相关企业的50％。

我们也希望，大家可以通过这个榜单了解上榜企业的故事，从而进一步了解分析预制菜产业发展的故事和趋势。比如这些企业是怎么起步的，是怎么转型的？这才是我们真正需要思考的。

南方农村报：您认为广东发展预制菜有哪些优势？有什么发展建议？

胡润：广东的企业家是需要从多方面去了解的。观察胡润榜会发现，上榜企业家最多的是广东，远远超过浙江。在我们传统的理解里面，广东企业家都是比较勤奋、务实、低调的，会默默做很多事情。尤其在佛山，这里能把很多小行业做到全球化，比如美的，再如佛山的家具、陶瓷，我相信预制菜也会走向全球化。这就是广东企业家精神的一种体现。

广东发展预制菜有很好的先天优势，尤其是现有供应链很强，不管是预制菜产业发展必需的装备，还是地理区位，广东的优势都非常明显。

所以下一步，广东企业应该想的是，怎么在这些先天优势里创造出自己的价值。广东的行业整合能力是非常强的，比如服装行业和几个全球化的行业，都做到了领域内的NO.1。以佛山的家具产业链来说，6000多亿元的智能家居行业，三年内也要突破1万亿元大关。这三四千亿元由谁来创造？你，还是他？那Why not you?

那同样的道理，预制菜为什么不能呢？你的目标为什么是中国的TOP10，而不是世界的TOP10?

所以我认为广东企业，首先需要培养洞察行业趋势的能力。第二点就是要把梦想放大，要敢想，哪怕你只做到了50％也很好了，有可能你就做到了100％呢！最后就是要善于将现有优势资源转化为自己的价值。

南方农村报：您认为预制菜会走向全球化，对于中国企业而言，应该为预制菜全球化增强哪方面的能力？

胡润：预制菜出口一定离不开科技创新和装备升级，因为要确保送到餐桌上的预制菜是新鲜健康的，这需要足够的技术支撑。预制菜装备可分为预制菜之前和预制菜之后两大类。预制菜之前的装备包括中央厨房等，预制菜之后的装备包括微波炉等。虽然目前预制菜装备行业在中国并非特别发达，尚未产生较多的龙头企业，但已出现了一些创新案例。例如格力等家电企业参与到预制菜全冷链物流产业链，给预制菜发展带来了全新的想象空间，有望进一步推动新一轮“厨房革命”，或将成为万亿元预制菜产业飞跃的关键。

南方农村报：那2023年，除了预制菜赛道，您还关注什么行业呢？

胡润：如果说2023年关注的比较成熟的行业，那应该是发展速度较快的新能源，现在是新能源革命的时代。也会比较关注我们第一次见到的ChatGPT，也就是AI相关的行业。

不少研究机构在说，ChatGPT的到来会导致很多人失业，但它恰恰也带来了一大堆的创业新机会。ChatGPT可以用来更好地服务行业甚至引导行业发展，例如在元宇宙购物，可以帮助企业配一个虚拟购物顾问与顾客加强沟通，提升服务体验感。

目前是全球创业的黄金时代，全球增长快的行业，基本按照ABCDEFGH字母顺序走。AI（Artificial Intelligence，人工智能），Block chain（区块链）、Cloud（云）、Data（数据）、Ecommerce（电子商务）以及Electronic vehicles（电子汽车）、Fintech（金融服务）、5G和Health Tech（健康技术）。增长最快的行业是AI。

同时，还有像预制菜这样的行业。它属于可能不会第一时间想到它，但你一旦想得越多，就越会发现这是目前投资者非常感兴趣的行业。一个能在几年内从3000多亿元变成万亿元规模的行业，对投资者的吸引力是很强的。也就是说，在这个赛道里，只要你能创造出一个真正有价值的内容，你就可以找到投资者、找到客户，这是比较健康的企业发展渠道。

南方农村报：此前您推出了一个胡润财富自由门槛，将财富自由分为入门级、中级、高级和国际级四个级别。您是如何看待财富自由门槛的？

胡润：当时推出财富自由门槛，初心还是为了让大家关注胡润百富榜上榜企业的企业家精神，而不是财富本身。胡润百富榜的门槛是20亿元，这个财富是足够几辈子花费的一笔钱，门槛是非常高的。所以我在策划财富自由门槛的时候就想，在中国很多人的梦想可能就是拥有自己的房子，可以在自己住的城市还不错的地段，拥有120平方米的房子，这应该就是入门级财富自由门槛比较重要的参考维度了。不管是胡润百富榜，还是财富自由门槛，这其实只是一个概念，我们依旧是希望能让更多人去关注榜单中折射出来的创造财富的力量，这才是最重要的。

（来源：《南方农村报》）

后记

预制风口，潮起珠江。近年来，广东农业再出发，深入探索与实践农产品食品化工程，用工业锅炒香农业菜，在全国率先组织化、系统化推动发展预制菜产业。引领预制风潮，广东再次敢为人先，勇于创新。

产业迭代，升级发展，一个万众期待、百舸争流的新赛道、蓝海新市场如日中天，风头之劲，势头之猛，既在意料之外，又在情理之中。各地党委政府依托资源禀赋，布局发展地方特色预制菜；各平台机构紧抓机遇，抢抓万亿元新产业。预制菜在国内的影响逐步攀升，市场潜力日益凸显。

大家看重预制菜是因为其产业链很长，它的上游涉及种植、养殖，中游涵盖生产、加工、装备，下游又紧连着仓储、冷链、物流、营销，侧边还能带上金融、保险，它有做大的基因，也有做强的潜能，它或将是产业的“独角兽”。基于此，如何应对产业未有之大变局，在国内国际双循环新形势下，如何进一步推动预制菜走向国际市场，培育产业经济增长新引擎，这既是当下之急，亦是时代之问。

为进一步推动广东预制菜走出去，广东省农业对外经济与农民合作促进中心联合广东南方农村报经营有限公司组建团队，围绕拓展预制菜国际大市场主题，认真研究相关政策制度，深入调研行业企业，走访行业专家，力求推出一批推动预制菜产业出口理论体系与实践案例，形成一本具有参考性、专业性和启发性的工具书。历时半年有余，现本书初成。

本书共分上篇“先行：江平视野阔”、中篇“务实：风正好扬帆”和下篇“出海：粤味行天下”，涵盖纵览全局、广东思考、地方探索、企业样本、海外营销、方家观察等内容。“纵览全局”剖析了出口现状、路径和意义，“广东思考”立足广东思考预制菜产业的发展，“地方探索”和“企业样本”通过践行者参与体验、思考总结，以及各类媒体的深度报导整理呈现，“海外营销”收录了国外预制菜出口的做法和经验，“方家观察”力求全面呈现各方专家对预制菜产业发展的观察。

本书立足广东预制菜发展现状，总结了广东预制菜的菜品和出口优势，从广东省预制菜出口相关政策开始，抽丝剥茧，逐步介绍分析欧洲、美洲、亚洲代表国家的预制菜出口相关政策，以广东预制菜出口实践、市场调研为例证，认识优势，分析问题。本书从理论到实践，从广东到世界，对广东预制菜破解难题、扩大出口、总结经验具有指导意义，可为企业解惑、为行业铺路、为出口造势，助力产业出口行稳致远。

发展预制菜产业是实现一二三产业融合发展的重要载体，对推动乡村全面振兴、提高百姓生活品质具有积极意义。我们希望通过本书，让广东预制菜扬帆出海的成功做法和经验得以推广，为更多的预制菜品类走出国门提供借鉴。

本书付梓之际，感谢孙宝国院士惠赐大作，感谢农业农村部农业贸易促进中心的悉心指导，感谢海关总署广东分署的大力支持，感谢广东省预制菜产业联合研究院、华南理工大学食品科学与工程学院、华南农业大学食品学院、仲恺农业工程学院轻工食品学院、佛山科学技术学院、河源职业技术学院等科研院校为本书创作提供的帮助和支持，感谢南方财经全媒体、新华网广东公司等媒体对本书出版工作提供的协助，限于篇幅，在此对本书编辑过程中提供帮助的所有单位和朋友一并致谢。

丘志勇

广东省农业对外经济与农民合作促进中心主任

广东省农业展览馆馆长